条顿骑士的黑色铁蟒

二战德国装甲列车图史
GERMAN ARMORED TRAINS IN WORLD WAR II
1939-1945

编著·唐浩

吉林文史出版社
JILINWENSHICHUBANSHE

图书在版编目（CIP）数据

条顿骑士的黑色铁蟒：二战德国装甲列车图史：
1939-1945 / 唐浩编著. -- 长春：吉林文史出版社，
2017.1

ISBN 978-7-5472-0981-3

Ⅰ.①条… Ⅱ.①唐… Ⅲ.①装甲车－列车－史料－
德国－1939-1945 Ⅳ.①E923.1

中国版本图书馆CIP数据核字(2016)第326559号

TIAODUN QISHI DE HEISE TIEMANG：ERZHAN DEGUO ZHUANGJIA LIECHE TUSHI 1939-1945

条顿骑士的黑色铁蟒：二战德国装甲列车图史 1939-1945

编著 / 唐浩

责任编辑 / 吴枫

策划制作 / 崎峻文化·左立

装帧设计 / 崎峻文化

出版发行 / 吉林文史出版社

地址 / 长春市人民大街 4646 号　邮编 / 130021

电话 / 0431-86037503　传真 / 0431-86037589

印刷 / 重庆大正印务有限公司

版次 / 2017 年 1 月第 1 版　2017 年 1 月第 1 次印刷

开本 / 787mm×1092mm　1/16

印张 / 17.5　字数 / 300千

书号 / ISBN 978-7-5472-0981-3

定价 / 69.80元

Contents 目录

前　言

　　装甲列车是伴随着第一次工业革命中铁路交通的勃兴而出现的陆地武器系统，这种集机动力、防护力和强大火力于一身的战争机器曾在19世纪末至20世纪初风靡一时，各军事强国均有装备，并被广泛运用于世界各地的战场上。在两次世界大战之间，随着飞机、坦克等新型兵器的进步，陆战的形式发生了深刻的变化，装甲列车渐渐难以适应新的作战方式，被逐渐淘汰；但是在第二次世界大战的舞台上，我们仍然能够看到装甲列车的身影，尤其是在东线战场上，苏德两军都大量装备和使用装甲列车执行作战任务，在苏德战争中装甲列车迎来了其征战历程中的巅峰时刻。

　　在二战时期，德国是装备和使用装甲列车最多的国家之一，其装甲列车部队的规模仅次于苏联。不过，在战争爆发时，德军仅有数列装甲列车，而且还是一战时期遗留下来的陈旧装备，其性能甚至不及同时期波兰、捷克的装甲列车。在战争初期，德军在作战中屡次遭遇装甲列车，尤其是1941年苏德战争爆发后，德军在与苏军装甲列车的交战中意识到这种武器在某些方面仍然具有重要的战术价值，因此着手加强和扩大装甲列车部队。在战争期间，德军除了装备自行建造和改装的装甲列车之外，还大量使用缴获的苏军装甲列车。在战术运用上，德军与苏军有较大不同。在德军高层眼中装甲列车始终是一种辅助性武器，很少将其集中用于一线战斗和主要突击方向，主要从事后方警戒和反游击任务，这也导致德军装甲列车鲜有战绩。同时，德军对于装甲列车的发展不够重视，从生产到武器配备都处处受制，因此德军装甲列车在性能上逊色于苏军装甲列车。随着战争的推移，这些在卐字旗下作战的黑色铁蟒不是毁于神出鬼没的游击队之手，就是在苏军暴风骤雨般的炮火下灰飞烟灭。

　　本书可以视为《战斗民族的钢铁巨龙：苏俄装甲列车图史1917-2015》的姊妹篇，通过简明扼要的文字、大量珍贵的历史照片以及各类线图全面而形象地展现了二战时期德军装甲列车部队的面貌，尤其对德军装甲列车的装备细节和车组乘员的战斗生活有着细致的描述和展示，集资料性和趣味性于一体，对于研究德军装甲列车的发展历程、技术特点以及作战经历都有着极佳的参考价值。

唐　浩

2016 年 8 月

序　章

自从第一辆铁路机车于1825年9月27日在英格兰的斯托克顿（Stockton）和达灵敦（Darlington）之间完成处子秀之后，这种全新的运输工具便显示出巨大的军事价值，使用铁路运输部队、装备和给养要比传统的人力、畜力运输方式更为快捷，运量更大，尤其是各国竞相铺设铁路并相互连接成庞大的运输网之后，铁路将赋予军队前所未有的战略机动能力，给部队调动和补给带来巨大的便利。

随着铁路运输日益成为军事体系的重要组成部分，以铁路为机动平台的武器系统也应运而生。早在1848年欧洲革命期间，奥地利军队就装备了一种带有装甲侧壁的平板货车，可以沿铁路轨道运行，车厢内的步兵可以在装甲侧壁的保护下向车外射击。这种原始的装甲火车被应用于维也纳包围战以及匈牙利、意大利北部的战场上。

在1861年－1865年的美国内战期间，南北两军都曾在铁路车厢上安装火炮、搭载士兵，用于机动作战。法国在19世纪60年代末专门开发了专门搭载步兵的装甲列车，并在1870年－1871年的普法战争中加以运用，曾在保卫巴黎的战斗中发挥了作用。通过美国内战和普法战争的实践，装甲列车的概念已经逐渐形成，而最早建造具有现代意义的装甲列车的荣誉属于英国。在1882年对埃及的战争中，英国军队组建了由步兵和炮兵混编而成的火车部队，他们以加装了装甲和武器的火车为机动工具。在此后的历次殖民战争中，英军都大量使用了类似的装甲列车，尤其在布尔战争中使用最为频繁，作战规模最大。到战争结束时，在南非的英军部队已经拥有多达19列装甲列车。随着英国开风气之先，欧洲各国都竞相研发装甲列车，并视之为能够发挥重要作用的新锐武器。

■ 这幅绘画展示了布尔战争期间英军使用的装甲列车。由于装甲列车在一系列殖民战争中的成功运用，这种武器受到欧洲各国陆军的关注。

作为传统陆军强国，德国也很快加入了装甲列车俱乐部。德军总参谋部研究了布尔战争中英军的作战经验，开始考虑装备装甲列车。1904年在德属西南非洲殖民地的赫雷罗人发动起义，当地驻军利用一家私营火车制造厂的设备临时改装了1列装甲列车，在机车和12节车厢上都加装了装甲板，搭载步兵作战。后来德国本土驻军也根据殖民地作战的经验开始装备装甲列车，到第一次世界大战爆发时德军共有9列装甲列车，主要用于搭载步兵向前线快速开进，其中1列在卢森堡首先参加战斗。在一战时期，德国、俄国、英国、奥匈帝国都使用装甲列车进行作战。在1915年时德军有6列装甲列车建成服役，同期奥匈军队则改装了11列搭载火炮的装甲列车。但是，随着前线战事陷入扩日持久的堑壕战，装甲列车的使用受到很大限制，大部分列车被封存起来，在1916年－1917年间，德军和奥匈军队保有的现役装甲列车数量分别减少为7列和5列，部队规模大幅缩水，在以静态对峙为主的战场形势下，以机动见长的装甲列车确实难有用武之地。

一战结束后，装甲列车在广袤的俄罗斯原野上找到了一个绝佳的表演舞台，在1918年－1920年的俄国内战时期，参战各方都大量使用了装甲列车，包括红军、白军、西伯利亚的捷克军团、外国干涉军、芬兰人、波兰人和德国人都将装甲列车作为重要的机动力量投入作战，甚至出现了较大规模的装甲列车部队。正是得益于苏俄内战的作战经验，装甲列车在两次世界大战之间能够在苏联及部分东欧国家继续得到发展，到二战爆发时，装甲列车的装备技术水平和编组方式较一战时期更为成熟，作战能力也更强。

在二战前夕，装甲列车已经成为由步兵和炮兵及支援单位组成的混成作战单位，车上除了必要的驾驶人员和武器操纵人员外，通常还会搭载一支步兵部队，这支部队可以在列车的火力控制范围内执行攻防任务。装甲列车的车厢内会安装多挺机枪，其火力尽量覆盖列车的正面和侧面，以便能够击退敌人的进攻。装甲列车的部分车厢上还会配置火炮，口径通常在75～105毫米之间，它们多安装在旋转装甲炮塔内，具有270度的有效射界。装甲列车的机车及车厢都以装甲板覆盖，能够抵御小口径火炮、轻武器及炮弹破片

■ 捷克军队在1919年建造的1列装甲列车，在1940年时有三列与之类似的装甲列车被德军征用，用于制造第23～25号装甲列车。

■ 波兰军队的"达努塔"（Danuta）号装甲列车，后来与之相同型号的机车和车厢被德国人用于编组第10号和第21号装甲列车。

的攻击。装甲列车的编组方式也形成了一定的规则：作为动力之源的机车位于列车中央，其余车厢布置在机车前后；步兵车厢和指挥车厢位于列车中部；在它们外侧的是火炮车厢，火炮必须能够打击列车前方和后方的目标；在列车的前端和后端还会加挂1节车厢，目的是诱爆铁轨上的地雷等爆炸物和作为遭遇障碍物时的缓冲，避免列车主体受损。它们还会装载铺轨工具和备用铁轨，方便随车的工程部队修复遭到破坏的铁轨。在各节车厢内装有有线电话进行车内通讯，在指挥车厢内会装有无线电台用于外部通讯。除了机车和车厢外，装有铁路车轮、能够在铁轨上行驶的装甲汽车也常常作为装甲列车的一部分，这种车辆也可以独立行动，主要执行侦察、巡逻任务。在装甲列车基地内还会停放1列补给列车，为装甲列车的运行提供后勤支援。可以说装甲列车就是一个功能齐全、能够独立作战的机动战斗堡垒。

在两次世界大战之间，各国研制的装甲列车根据需求和制造能力的不同存在不少差异：捷克军队比较青睐小型化的列车，仅在机车前方加挂1节火炮车厢，在后方加挂1节步兵车厢即可；苏联和波兰军队的装甲列车则要庞大、复杂得多，至少有4节以上的火炮车厢。装甲列车的乘员数量根据列车构成的不同而有很大的变化，从40人到200人不等，各类装甲列车的战斗力也有强弱之分。

上述国家对于装甲列车的作战运用也进行了深入的研究，形成了系统的战术原则，其运用范围非常广泛：在进攻作战中可用于主攻方向的确定，敌方铁路设施状况的侦察和设施的夺取，突破敌军战线，协调己方进攻，对敌方阵地进行炮火压制，对溃退敌军进行追击，与敌方装甲列车交战；在防御作战中可以阻滞敌军进攻，实施反击，掩护己方撤退，担任要地防御；在支援作战中以炮火掩护步兵，担负铁路沿线的警戒，收容集中后撤的部队，以及作为临时的指挥所和通讯中心等。

在20世纪30年代，各国军界对于装甲列车的弊端也有清楚的认识，其机动严重依赖完善的铁路网，目标相对较大且制造、维护费用高昂，面对空袭时十分脆弱，即使没有被直接命中，只要铁轨遭到破坏，列车就会瘫痪。针对这些弊端，波兰人考虑设计一种体型更小、机动性更强的铁路战斗车辆，它既能单独配置、独立作战，能够在更大范围的铁路内机动，又能多辆组合成1列装甲列车，以集中火力完成任务。但是，直到二战爆发前夕，这种新型铁路战车并未被研发出来。

■ 上图及下图为两张极为罕见的照片，它们是德国早期生产的铁路护卫装甲列车。上图是第2号装甲列车"德累斯顿"号，下图是第3号装甲列车"慕尼黑"号，这些装甲列车看上去极为粗糙，就像是把地面上的碉堡直接搬到货运车厢上一样。"慕尼黑"号装甲列车加强了对行动装置的保护，而"德累斯顿"号安装了可以旋转的火炮炮塔。

1921年春，按照协约国的要求，魏玛国防军不得不将现有的31列装甲列车全部裁撤，但仅仅几周后，德国国家铁路局就得到协约国的同意，建造所谓的"铁路护卫列车"，用于在国内发生动乱时保证铁路交通的畅通。铁路护卫列车由1辆机车和6节带有硬式车顶的车厢组成，车厢四壁为木制，但内侧用钢板进行了加固，设有对外观察和射击的窗口。最初列车的机车没有装甲，后来在20世纪20年代末换装了57型和93型装甲机车（也称为普鲁士式G10型和T14型装甲机车）。不过，在铁路护卫列车建成后十多年间，它们大多数时候都停在车库里，很少有露脸的机会，这种情况一直持续到1933年春季才发生了变化。随着著名的"国会纵火案"的发生，德国国内政局紧张而动荡，铁路护卫列车奉命在铁路沿线巡视，防备潜在的动乱，其表现得到了新上台的纳粹政府的关注和赞许，但受到其他国家的反对。德国国家铁路局的各个辖区都希望配备铁路护卫列车以确保安全，最终仅有一个铁路辖区没有这种列车，而在个别辖区甚至拥有几部列车，尤其是靠近德国东部边境的地区。到1937年时德国全国共有22列铁路护卫列车。

在20世纪30年代，积极重整军备的德国国防军将新兴的空军和装甲部队作为取代装甲列车职能的机动作战力量，因此拒绝重新建造装甲列车。尽管如此，德国军方还是从国家铁路部门手中接管了7列铁路护卫列车，并进行了重新武装，命名为

■ 德军装备的第6号装甲列车，其前身是属于因斯特堡铁路部门的铁路护卫列车，该车使用了57型装甲机车。

■ 1939年9月1日，在波兰中部迪尔绍尔遭到波军破坏的维斯瓦河大桥。这幅照片是从第7号装甲列车的火炮车厢上拍摄的。

第1～7号装甲列车。1938年7月23日，陆军总司令部向各军区下令加强装甲列车的武备，恰逢苏台德危机爆发，有4列列车加装了2门75毫米炮，以应对迫在眉睫的战争威胁，另外3列列车则继续使用仅配备重机枪的车厢，执行安保任务。第3、4号装甲列车参加了1938年10月吞并苏台德区和1939年3月侵占捷克斯洛伐克的行动，由于没有遭遇抵抗，这些装甲列车没有机会发挥其武器效能。在吞并捷克斯洛伐克后，捷克军队的5列装甲列车完好无损地落入德军手中。

在1939年9月的波兰战役中，德军将7列装甲列车全部投入战斗，但表现欠佳。第7号装甲列车奉命夺取迪尔绍尔（Dirschaur）的维斯瓦河大桥，但是未能成功，因为大桥在德军靠近时被爆破了。第3号装甲列车在科尼兹（Konitz）附近的战斗中遭遇波军猛烈火力，损伤很大，在援军抵达时几乎丧失自卫能力。部署在维尔德福特（Wildfurt）的第4号装甲列车受到阻击，甚至没能越过边界。在西里西亚北部战线，因为铁路遭到破坏，仅有第6号装甲列车参加了夺取格拉耶沃（Grajevo）的战斗，之后执行占领区的安保任务。其他3列装甲列车在波兰战役中没有经历战斗。

1940年3月，德军第23～25号装甲列车完成战备，开始执行战斗任务，它们是以缴获的捷克装甲列车为基础改装的，将原车装备的斯科达75毫米 M15 L/28型山炮减少到2门。同年4月，第23、24号装甲列车参加了入侵丹麦的行动，之后留在当地执行占领任务。第25号装甲列车参加了5月间的西欧战役，途经卢森堡开赴前线，在比利时和法国边界地区执行警戒任务。当西欧战役于5月10日发动时，第1～7号装甲列车再度披挂上阵，它们大多被部署在荷兰的马斯河沿岸及艾塞尔河大桥一线，只有第1号装甲列车在根尼普（Gennep）渡过马斯河，突破了对岸的荷军阵地，但在返回途中误入一个已被关闭的铁路道口而出轨。第5号装甲列车在鲁尔蒙德（Roermond）以北的一座桥梁上停留时被荷军炮火击中制动系统，导致车辆故障，随后遭遇集火攻击，损伤严重。德国人后来将第5号装甲列车拖到后方，将车上尚能使用的武器转移到重新修复的第1号装甲列车上，后者又加挂了2节火炮车厢，每节车厢上装有1门47毫米反坦克炮和1门20毫米高射炮，其他装甲列车也装备了20毫米高射炮，另外第25号装甲列车的火炮车厢被转移到第2号装甲列车上。由捷克列车改装的第

■ 右图是一名德军士兵从第3号装甲列车的一处观察窗口向外张望。照片右侧可以看到车体上被波军反坦克炮弹击穿的弹孔，在1939年9月1日，第3号装甲列车的指挥官尤安中尉（Euen）就是被这枚炮弹夺去了生命。

■ 在西欧战役期间1940年5月10日，第1号装甲列车在荷兰皮尔地区突破荷军阵地，在返回途中误入已被关闭的铁路道口而发生脱轨事故。下图是事故现场照片。

■ 上图及下图是德军第22号装甲列车于1941年在法国执行占领任务时的留影。这列列车的装甲车厢全是缴获的波兰货，装甲列车前后拖挂1节火炮车厢，在旋转炮塔内装有75毫米火炮，此外在装甲列车首尾的平板车厢上安装了20毫米高射炮。

■ 第22号装甲列车的防空炮组正在操纵20毫米高射炮进行对空警戒，注意他们身后装有75毫米火炮的旋转装甲炮塔。

23～25号装甲列车于1940年秋季退役。

1940年6、7月间，由缴获的波兰装甲列车重新编组改造而成的第21、22号装甲列车加入德军作战序列，这2列装甲列车的火炮装备较好，其中第22号装甲列车配备3门75毫米野战炮，第21号装甲列车在3门75毫米炮之外还加装了2门100毫米轻型榴弹炮，这些火炮都安装在旋转炮塔上。第21、22号装甲列车最初被留在德国境内，后于1941年春季被派往法国执行占领任务。同时，第23、24号装甲列车也在苏联战役开始前夕重新服役，被部署到塞尔维亚。

在1940年到1941年冬季，德军陆军决定建造几列新的装甲列车用于作战。1940年12月，陆军第10铁路工程处提交了两个设计方案，分别是

"1941型装甲列车"和"SP42型装甲列车"：前者为了节省建造时间，采用了一种特别设计的能够搭载坦克的装甲车厢，取代常规的火炮车厢，坦克在必要时也可以下车作战，列车由装甲机车牵引，并可与餐车、医务车、步兵车厢等其他车厢快速连接；后者以采用柴油动力装甲机车进行牵引，可拖挂指挥车厢、步兵车厢，也能与搭载坦克的装甲车厢连接，所有车厢都被设计成可以自动分离。

1941年春季，德军进攻苏联的"巴巴罗萨"作战计划已经进入制定的最后阶段，此时德军运输司令部意识到新设计的装甲列车必须能够使用苏联的宽轨铁路（轨距为1524毫米），而之前适用于欧洲标准窄轨铁路（轨距为1435毫米）的装甲列车只要更换更长的轮轴也同样能够在苏联腹地的铁路

网上机动。技术部门立即在"1941型装甲列车"的设计中考虑了在宽轨铁路上运行的需要。新型装甲列车将由2节清障车厢和3节坦克车厢构成，后者将搭载缴获的法制索玛S35型坦克，首批计划建造5列。作战部门建议应建造6列新型装甲列车，同时配置一种顶部敞开的步兵车厢，在其低矮的侧壁上开设射击孔供搭载的步兵向车外开火。1941年5月28日，第26～31号装甲列车的建造命令下达，这些列车拥有2节（第29～31号）或3节（第26～28号）搭载S35型坦克的坦克车厢和1节（第30～31号）或2节（第26～29号）敞开式步兵车厢，前5列列车使用57型机车牵引，但仅在驾驶室装有

防护装甲，但第6列列车使用WR360C型柴油机车。上述列车均在1941年6月22日之前建造完成，并在苏德边境的铁路工厂内更换了宽距轨轮。

当"巴巴罗萨"行动开始时，德军总共在前线部署了12列装甲列车，其具体配属如下：

北方集团军群：第6号装甲列车配备第16集团军，第26、30号装甲列车配备第18集团军；

中央集团军群：第1、3号装甲列车配备第9集团军，第2、28和29号装甲列车配备第4集团军，第27号装甲列车配备第2装甲集群；

南方集团军群：第4、7号装甲列车配备第6集团军，第31号装甲列车配备第17集团军。

■ 上图及下图是准备参加"巴巴罗萨"行动的德军装甲列车，它们都适用于苏联的宽轨铁路，只拖挂了搭载坦克的平板车厢和顶部敞开的步兵车厢，在平板车厢上搭载了缴获的法制索玛S35型坦克，列车使用57型机车牵引，但只有驾驶室有装甲防护。上图是配属于中央集团军群的第28号装甲列车，下图的装甲列车番号不明，但能够清晰地观察到平板车厢上搭载的S35型坦克和缺乏装甲防护的机车。

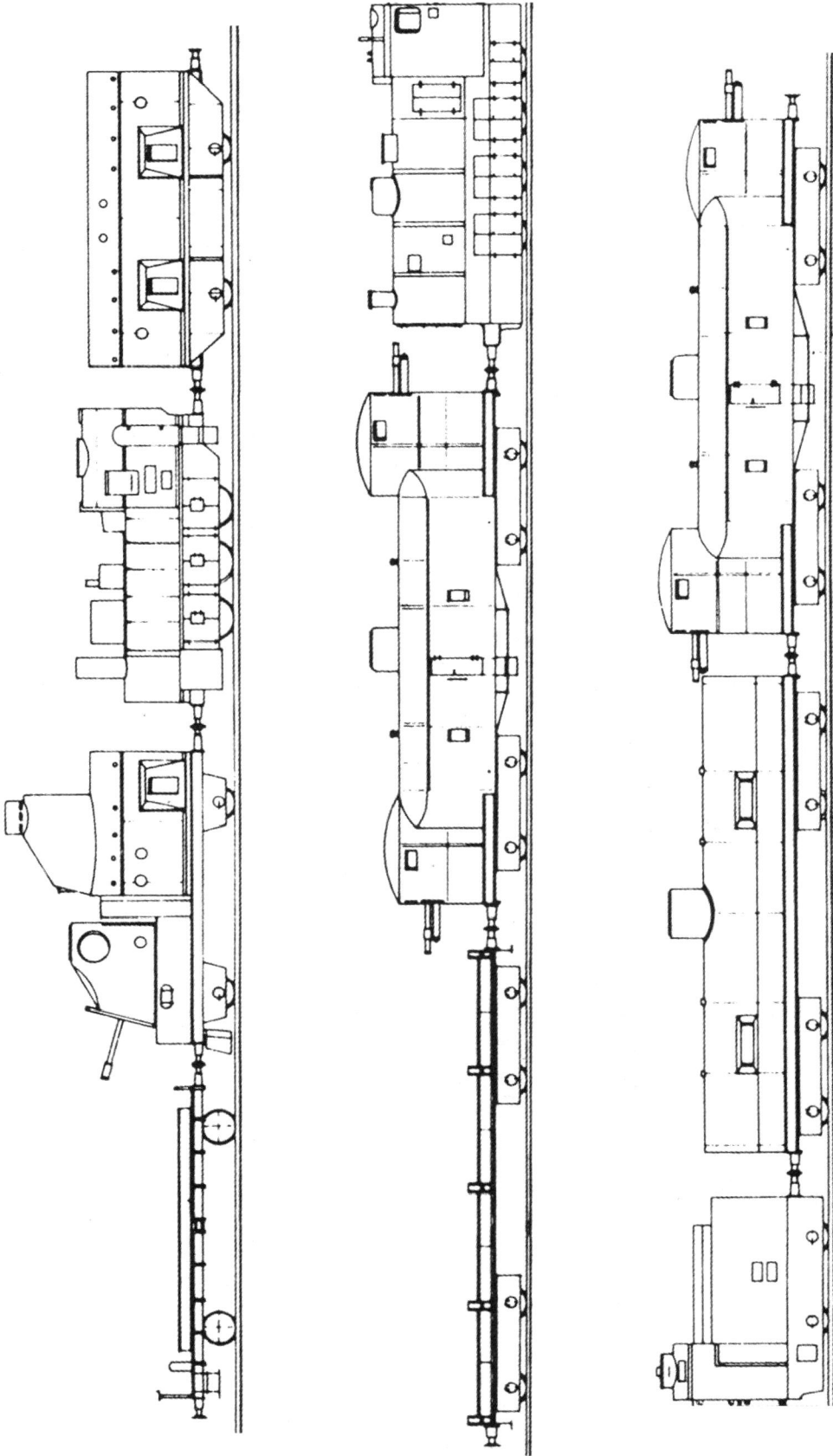

■ 本页线图为二战之前捷克斯洛伐克装甲列车的侧视图。上图显示了 1 列小型装甲列车的编组方式，由 1 辆装甲机车、1 节步兵车厢、1 节火炮车厢，其性能与同时期波兰和苏联军队的装甲列车旗鼓相当。中图和下图则是 1 列大型装甲列车的侧视线图，配有更大型的装甲机车和 2 节带有旋转炮塔的火炮车厢，1 节步兵车厢和 1 节平板车构成。

■ 第3号装甲列车的火炮车厢侧视线图。炮塔内安装1门长身管75毫米炮，在后部的防空炮位上装有1门20毫米高射炮。

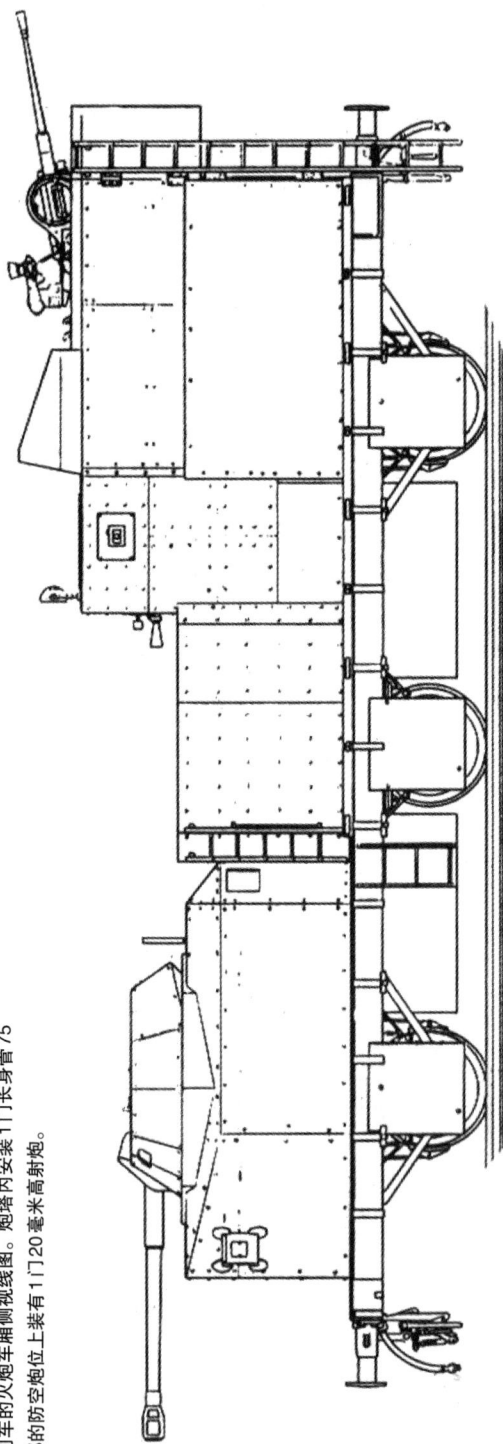

■ 第25号装甲列车的火炮车厢侧视线图。无论75毫米火炮还是20毫米高射炮均安装在开放式炮位中。

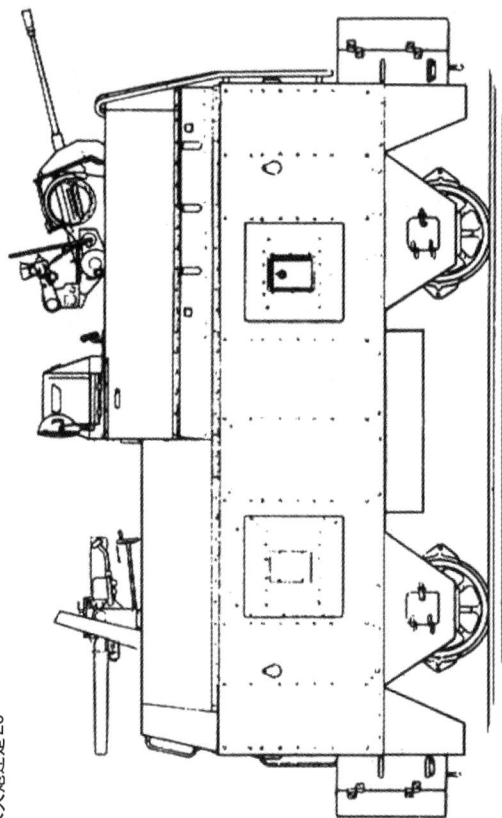

■ 上图及下图均为第 3 号装甲列车在战争爆发时配置的火炮车厢，这座车厢原属于"慕尼黑"号铁路护卫列车。

■ 上图是第3号装甲列车的步兵车厢内部照片。该车在木制车厢内侧加装了装甲板，车厢内还安装了电线和通讯设备，注意车壁上安装的枪架，上面放置了一挺马克沁水冷重机枪。另值得注意的是在车壁上还有一条色带，这是为了让乘员在封闭车厢内能准确识别方位而设计的方向识别带，车厢四壁采用不同的颜色加以识别，前壁为黄色，后壁为绿色，右壁为红色，左壁为黑色。

■ 下图是第3号装甲列车配备的BR-57型装甲机车。该型装甲机车性能可靠，日后成为BP-42/44型装甲列车的标准机车。

■ 上图是 1939 年 9 月 1 日，第 3 号装甲列车在波兰科尼茨前线经历战斗后的留影。当列车经过一座桥梁时，桥面突然发生爆炸，车首的清障车厢被炸翻，跌落桥底，前部火炮车厢出轨，列车就此瘫痪在铁路上，因暴露在波军的火力下而遭受重创。

■ 下图是第 3 号装甲列车受损车厢的细节照片。图中可见车厢侧壁外面的木板被炮火大面积破坏，暴露出内侧的钢板，尽管表面看来惨不忍睹，但实际上得到钢板保护的车厢内部几乎没有受到损伤，这种内置钢板结构是战前德国铁路护卫列车的典型特征。

■ 上图及下图是第3号装甲列车在科尼茨前线作战受损的另外两幅细节照片，显示了一座火炮车厢的75毫米旋转炮塔被炮弹直接命中的惨状。从照片中可以判断炮弹击穿了炮塔顶部，并引起了弹药殉爆，炮塔侧面的装甲也出现了大面积破损，炮组成员恐怕也凶多吉少。

■ 上图是 1939 年 9 月，第 3 号装甲列车在波兰作战时严重受损，2 名德军军官在察看被击毁的火炮车厢。

■ 右图是被波军炮火严重损伤的第 3 号装甲列车的装甲车厢，中弹部位的木制厢壁已经完全粉碎，内侧的装甲板也严重变形，舱门已经不知所踪。

■ 右图是从后方拍摄的第 3 号装甲列车被击毁的火炮车厢炮塔，其损坏状况相比正面更为严重。

■ 上图及下图是第3号装甲列车在1940年春季配备的新型火炮车厢。外形低矮的炮塔内安装1门莱茵金属公司生产的L–41型75毫米反坦克炮，此外在炮塔后方的防空炮位上还安装了1门20毫米高射炮。

■ 上图及下图是从不同角度拍摄的第3号装甲列车的新型火炮车厢。在车厢后部安装了1门20毫米高射炮作为防空武器。

■ 第3号装甲列车换装的新型火炮车厢的炮塔特写照片，在这座顶部敞开的炮塔内安装了1门75毫米反坦克炮。

■ 1940 年夏季建成服役的第 21 号装甲列车的全部车厢都来自缴获的波兰装甲列车。本页为第 21 号装甲车服役后不久，清晰地显示期的留影。上图摄于 1940 年夏天该车在战争中不同时出机车和车厢的构成。中图是该车在 1941 年–1942 年间在法国执行占领任务时的留影，此时该车其平板车厢之后加挂了新型的小型铁道炮车，而平板车厢上安装了 20 毫米高射炮，当时该车仍使用原有的波兰机车。下图是该车于 1943 年在苏联作战的照片，此时该车已经改用德制 93 型装甲机车牵引，小型铁道炮车上的炮塔被四联装苏联 20 毫米高射炮取代了。

■ 上图是第21号装甲列车1节火炮车厢的特写，车厢上装有2个旋转炮塔，近处的炮塔内安装的是75毫米野战炮，而远处的炮塔内安装的是100毫米轻型榴弹炮，注意车体上的迷彩图案。在下图中可见第21号装甲列车的2节火炮车厢，1节为双炮塔型，另1节为单炮塔型，它们都是在1918年–1919年间制造的，在它们右侧是1节具有流线形车顶的装甲车厢。

■ 上图是 1943 年 10 月 7 日，第 21 号装甲列车在里切萨和瓦谢里维切之间的铁路上触雷，导致装甲列车的前半部出轨。下图是 1944 年 6 月 23 日，第 21 号装甲列车在明斯克东南的柯拉附近再次触雷。

■ 左图是德军第22号装甲列车的波兰 TI-5型机车顶部的特写照片。该型机车原是东普鲁士 G-5型机车。照片近景处是机车的装甲指挥塔，一名司乘人员从顶部舱口探出身体观察车外情况，以便向司机及时下达操作指令。从这幅照片可以看到蒸汽机车两侧防护钢板的安装方式。

■ 下图是第22号装甲列车上的升降式防空机枪，配备1座双联装7.92毫米 MG 34型机枪，在不执行防空任务时机枪可以下降到车内，顶部用滑动式盖板封闭。

■ 一位德国将军在视察驻法国的第 22 号装甲列车。从图中可见老式装甲车厢上装有 1 座旋转炮塔，配备 75 毫米炮，车体前部侧面装有 1 挺 MG 34 型机枪，车厢顶部的栏杆状物体为无线电天线。

■ 上图是1940年4月，第23号装甲列车在丹麦某个车站停留时的照片。该车由缴获自捷克的装甲列车改装而成，参加了入侵丹麦的行动，之后留在当地执行占领任务。从照片中可以看到该车当时涂绘了伪装迷彩。

■ 下图是1941年 –1942年间，第23号装甲列车部署在巴尔干地区时的留影，该车在参加西线战役后于1940年秋季退役，后于1941年春季重新服役，被派往塞尔维亚执行安保任务，照片中可以清晰地观察到其火炮车厢上旋转炮塔的特征。

■ 上图及下图也是第 23 号装甲列车在巴尔干地区作战时的照片。当时该车在原捷克制造的装甲车厢外还加挂了 2 节与铁路护卫列车相似的装甲车厢，其木制厢壁内侧用钢板进行了加固，而列车采用德制 93 型机车（第 220 号）进行牵引。

■ 上图及右图是1941年～1942年间第23号装甲列车在巴尔干地区作战的照片，上图中列车搭载的步兵从各节车厢内跳出，在铁路附近展开战斗队形。下图是第23号装甲列车车尾的火炮车厢近照，这节车厢实际上是奥匈帝国时期制造的老古董，注意车身侧面的髑髅图案。

■ 第24号装甲列车的战时照片。该车是德军利用缴获的捷克装甲车厢重新编组而成，于1940年初服役。从照片中可以观察到其装甲车厢采用弧形车顶，很可能是一战时期奥匈帝国制造的车厢。

■ 上图及下图也是第24号装甲列车的战时留影，显示出更多的车体细节。上图中三名车组成员各自占据了装甲车厢侧面的舱口，拍照留念，注意其中2个小型舱口采用了对开式舱盖，而较大的出入舱口使用水平滑动式舱门，在车厢侧面还设有轻武器射击孔。下图是一名德军士兵在装甲机车旁边留影，注意车体上的铁十字标志。

■ 在战争期间，大多数德军装甲列车都在固定的战区内作战，但第24号装甲列车是个例外。该车在1940年秋季退役，后于1941年春季重新启用，于1941年–1943年间在巴尔干地区作战，1944年春季被调往意大利，1944年夏季又被派往法国，由于1944年秋季德军在法国败退，该车又被调往东线作战。本页的两幅照片都拍摄于1944年春季第24号装甲列车在意大利行动期间。上图是车组乘员在列车前列队接受检阅，从图中可以看到1门75毫米火炮被置于车厢顶部的开放式炮位中，其后部是装有20毫米高射炮的防空炮塔。下图是第24号装甲列车在进行战斗演习，随车步兵携带武器弹药从车厢中跳出。当时该车使用BR-57型装甲机车牵引。

■ 上图是两名德军士兵在第25号装甲列车的1节火炮车厢前留影，摄于1940年春季该车建成服役时。从照片中可以看到火车车厢上涂绘了伪装迷彩，在侧面还绘有髑髅标志。第25号装甲列车与第23、24号装甲列车一样都是利用缴获的捷克装甲车厢改装编组而成，在服役后参加了1940年5月的西欧战役，在法国、比利时边界地区执行警戒任务，于同年秋季退役封存，但该车的火炮车厢被编入第2号装甲列车。

■ 下图是第25号装甲列车在1941年冬季再次启用时的留影。在重新服役时，该车编入了几节一战时期奥匈装甲列车使用的老式车厢，其特征是车厢顶部呈圆弧形，还加挂了能够搭载坦克的平板车厢。照片中最右侧可见该车的防空车厢和顶部平台上的20毫米高射炮。

■ 上图是第25号装甲列车在1942年时的战地留影。照片中显示该车在平板车厢上搭载了缴获的法制索玛 S35 型坦克。下图是第25号装甲列车在1943年时的照片，可以注意到平板车厢上搭载的坦克已经更换为捷克制的 38（t）型坦克。

从1941年夏到1942年末

从战争爆发到1941年初，德军装甲列车在历次进攻战役中都只起到次要作用，这反映了德军内部对装甲列车作战价值的怀疑态度，甚至掌管装甲列车的部门也不太清楚如何能让装甲列车发挥出更好的效能。而且在很多人看来，装甲列车的作用也不太可能发生大的变化。

从战前到战争初期，德军装甲列车的建造和装备都是根据军方高层的指示进行的，其建造指令由陆军总司令部下达，由第10铁路工程处提供技术支持，其武器装备则由陆军武器局（特别是第5、6处）负责调配。每列装甲列车的车组乘员和配属兵力都由指定的军区负责调集，他们是从很多不同的单位中抽调而来，包括步兵部队、炮兵部队、防空部队、铁路工程部门、通讯部门以及医疗部门，这些人员很难在短时间内完成磨合，成为一个配合默契的团队，而且在人员补充上也会遇到麻烦。在装甲列车上除了军方人员外，还有民间雇员，直到战争结束每列装甲列车的技术员工都是由德国铁路部门提供的，包括1名负责领导的铁路官员、2名司机、3名司炉工、2名巡道工和1名维修技师，他们要向德国运输部的运输服务处提出申请，再由铁路部门进行调配，无形中增加了装甲列车在人员管理上的复杂性。

虽然第10铁路工程处和运输司令部对于装甲列车拥有名义上的管理权，但实际上装甲列车人员和装备的决定权都掌握在陆军总司令部手中。装甲列车同大多数作战单位一样，需要根据总司令部的指令行事，上述两个部门只起到辅助作用。在这种情况下，第10铁路工程处的处境十分尴尬，这个部门实际上对于装甲列车缺乏兴趣，认为这项工作反而会削弱本部门的影响力。在相当一段时间里，铁路工程处都被视为陆军总司令部下属的特殊单位，其价值一直备受争议，一度被指责是一个无关紧要的角色。

1940年底，德军高层决定新建装甲列车以应对未来的作战。1940年12月，第10铁路工程处的工程师们提出了两种设计方案，其中适用于苏联铁路的宽轨型号"1941型装甲列车"获准建造，在"巴巴罗萨"行动前夕完成了6列，即第26～31号装甲列车。同时，陆军总参谋部的将军们也意识到将装甲列车视为独立部队的必要性，因此在1941年7月成立了装甲列车参谋部，最初这个部门受到运输司令部和铁路部队司令部的双重领导，但在1941年8月9日被划归快速部队司令部，由欧根·冯·奥尔谢夫斯基中校（Egon

■ 欧根·冯·奥尔谢夫斯基中校，后晋升上校。

■ 德军在苏德战争前夕建造的第26～31号宽轨装甲列车实际上与"装甲列车"并不相配，从这幅第29号装甲列车的照片就能看出来，图中展示了该装甲列车的坦克搭载车厢和步兵车厢，其坦克搭载车厢上搭载了一辆法制索玛S35型坦克，但车厢两侧没有安装保护坦克行走装置的装甲板，其步兵车厢也只是安装了低矮护板的平板车厢，步兵只能俯卧在车厢内才能得到少许保护，请注意车厢中央站立的德军军官，他身穿黑色装甲兵制服，一只手臂负伤。第29号装甲列车是德军唯一使用WR-550D型柴油机车牵引的装甲列车。

von Olszewski）被任命为新成立的装甲列车参谋部的领导，他在这个岗位上一直工作到1945年3月31日参谋部解散为止，并晋升至上校军衔。

装甲列车部队最终脱离了铁路部队的管辖，但第10铁路工程处仍然负责技术支持，这种管理体制上的变化令人感到疑惑。战争初期的实战证明装甲列车并不适用于进攻作战，例如从1941年夏季到1942年底，装甲列车基本上只用于保护后方的铁路运输线，以防备愈加活跃的游击队袭击。这个事实与将装甲列车纳入快速部队司令部统辖有些矛盾。有一种可能的原因是军方考虑将装甲列车作为快速部队（即后来的装甲部队）的一部分相比作为铁路部队更容易获得经验和发挥战斗力。不过，装甲列车的作战效能直到1942年才逐渐显露出来。

值得注意的是，苏德战争爆发后，德军从他们的对手那里获得了有关装甲列车的新认识。苏联军队向来对装甲列车青睐有加，大量装备了此类武器并广泛运用于作战中。在苏德战争初期，大量苏军装甲列车开赴前线，尽管很多时候它们会被德国空军的飞机以及德国陆军的火炮、坦克的攻击所击败，但仍然证明了装甲列车在防御作战中的作用，尤其在东线南部战场上，苏军装甲列车以"装甲列车师"的编制进行集群作战，给德军制造了不少麻烦，比如在进攻彼列科普地峡（Perekop）的战斗中和1941年秋季在罗斯托夫地区的激烈攻防作战中，苏军装甲列车凭借坚甲利炮和迅速的机动给德军造成重大伤亡，令德军一筹莫展。

由于苏军装甲列车参与了大量的作战行动，德军在进攻作战中缴获了大批完好的装甲列车就不值得奇怪了，而且它们很快就被德军重新启用并投入实战。德军装甲列车的指挥官们发现他们的装备很难适应苏联的冬天，因此努力使用缴获的苏联同类装备弥补己方装备的不足，比如第26、30和31号装甲列车曾加挂缴获的苏军封闭装甲车厢，作为步兵部队遮风避雨的栖身之所，第27、28和29号装甲列车也使用过苏制装甲火炮车厢，在某些情况下还会使用苏制O型装甲机车牵引。曾在1942年5月被破坏的第6号装甲列车在修复时装备了缴获的4门苏制76.2毫米野战炮。还有很多被俘的苏制装甲列车被德军后方守备部队编组成自己的辅助装甲列车，作为铁路护卫队的一部分用于保护铁路线，这些列车既不属于陆军总司令部管辖，也不属于装甲列车参谋部。利用临时编组的装甲列车保护铁路的做法可以追溯到1940年，而后来在苏德战场上此类装甲列车在装备和人员配置上的变化较以往更大了。

在战争初期，属于铁路护卫队的辅助装甲列车实际上只是在普通货运车厢上使用沙袋、水泥板或其他材料进行加固，仅配备步兵武器，如机枪、枪榴弹发射器、轻型反坦克炮等，出于防空作战的需要，还会在顶部敞开的车厢上安装高射炮，最初多为20毫米高射炮，后来88毫米高射炮也被加装到列车上。在东线战场上，德军开始大量使用缴获的苏制装甲车厢编组装甲列车，后来陆军总司令部要求对缴获物资进行集中管理，规定苏制车厢和装备主要用于升级德军原有的装甲列车。于是出现了一类混合型装甲车厢，它们的车厢为德国制造，但在顶部安装苏联的坦克炮塔，这些炮塔来自那些被德军俘获的无法行驶的苏军坦克。如果某列车安装了苏军T-34坦克的炮塔，那么它在火力上甚至优

■ 第30号装甲列车在苏联北部的铁路线上行驶。图中坐在坦克炮塔上用望远镜观察的人就是列车指挥官。照片可能摄于1941年夏季。

■ 上图及下图是第 30 号装甲列车在东线北部作战时的留影。从上图中能清楚地观察到该车步兵车厢的内部情况，随车步兵俯卧在车厢侧板后面，通过厢壁上的射击孔向车外开火，值得注意的是，近处的那名德军士兵使用的是缴获的苏制 7.62 毫米 DT 型坦克机枪。下图是第 30 号装甲列车搭载的 S35 型坦克通过跳板驶下车厢，在必要时车载坦克也可以下车作战。

于德国原装的装甲列车。为了避免混淆，陆军总司令部于1943年7月12日下令将此类辅助装甲列车统称为"铁路护卫列车"，以区别于隶属于装甲列车参谋部的正规装甲列车。

辅助装甲列车的命名相对自由随意，它们经常冠以序号或人名，比如第83号、第350号、"布吕歇尔"（Blucher）、"马克斯"（Max）、"维尔纳"（Werner）等。也有使用地名命名的情况，比如"佐布腾"（Zobten）、"柏林"（Berlin）、"斯德丁"（Stettin）等。在某些情况下，辅助装甲列车也会转入正规装甲列车部队的序列并获得官方编号，比如1942年6月16日，"斯德丁"号辅助装甲列车就转为第51号装甲列车，该车安装了苏制BT-7型坦克的炮塔，装备45毫米坦克炮。1944年6月1日，"布吕歇尔"号铁路护卫列车被转为第52号装甲列车。到1945年3月，鉴于资源匮乏的德国工厂已经无暇生产新的装甲列车，残存的铁路护卫列车全部转入正规装甲列车部队，其中包括"柏林"、"马克斯"、"莫里茨"（Moritz）、"维尔纳"、第83号和第350号。

除了东线战场外，辅助装甲列车的身影也出现在其他缺少正规装甲列车的地区。比如在挪威德国占领军编组了多列辅助装甲列车，如"挪威"（Norwegen）、"沃斯"（Voss）、"格隆"（Grong）和"纳尔维克"（Narvik）等。越是接近战争结束，

这类辅助装甲列车的数量越多，在缺乏汽油的情况下，它们被当作移动的装甲堡垒来使用。

东线战场始终是德军装甲列车的主战场，在1942年间德军向东线新部署了多列装甲列车，其中1列即上文提及的第51号装甲列车，它被派往北方集团军群战区，替换受损的第6号装甲列车；另1列是1941年12月重新启用的第25号装甲列车，在此之前该车已经封存了一年多。由于第25号装甲列车的火炮车厢被移交给第2号装甲列车，作为替代在重新服役后该车编入由仆从国提供的奥匈时期的老式装甲车厢，临时配备斯柯达75毫米火炮被安装在开放式炮位中。重新入役的第25号装甲列车最初被派往东线中部战线后方，后在1942年10月与第21号装甲列车调防，转而前往法国，后者调往东线。在1942年初，德军将战争初期在利沃夫地区缴获的2列苏军宽轨装甲列车重新启用，它们原本属于波兰军队，1939年被苏军缴获，1941年又落入德军之手。德军仿效苏军装甲列车师的编制将这2列原波兰装甲列车合编为第10号装甲列车，分别命名为10a号和10b号，每列列车上装有4门火炮。第10号装甲列车最初被派往白俄罗斯及哈尔科夫地区作战，1943年德军将2列列车分开，10a号继续使用第10号装甲列车的番号，而10b号改称为第11号装甲列车。

苏德战争初期，参战的德军装甲列车分为

■ 新编成的第10号装甲列车，该车由缴获自苏联的波兰制装甲车厢编成，由第10a、10b号2列装甲列车组成。

■ 上图是德军铁路护卫列车"迈克尔"号，该车于 1943 年 11 月服役直到 1944 年 5 月被击毁前一直在克里米亚作战。该车的火炮车厢极有特点，实际上将一辆完整的苏制 T–34/76F 中型坦克置于车厢上，并以钢板将车厢与坦克车体包围起来。在火炮车厢之前是 1 节防空车厢。

■ 在战争期间，部分辅助装甲列车 (后为铁路护卫列车) 也被转为正规装甲列车，并被赋予正式编号。比如上图中的"斯德丁"号装甲列车于 1942 年 6 月改称为第 51 号装甲列车，该车拥有 2 节火炮车厢，每节车厢上装有 2 座 BT–7 型坦克的炮塔，一高一低呈背负式布局。下图是 1944 年春季时的铁路护卫列车"布吕歇尔"号，该车在同年 10 月改称为第 52 号装甲列车。

两个梯队参加了进攻：已经改为宽轨列车的第26～31号装甲列车作为第一梯队在前线附近跟进，而在较远的后方，第1～4号及第6、7号装甲列车将在铁路改为窄轨后进入苏联境内。到1941年12月初，德军各列装甲列车的部署位置如下：在北方集团军群战区，第30号装甲列车位于列宁格勒前线后方，第6号装甲列车位于德诺－诺夫哥罗德地区（Dno–Novgorod），第26号装甲列车在新索科利尼基（Novosokolniki）至德诺一线；在中央集团军战区，第1、2号装甲列车在波洛茨克（Polozk）、奥尔沙（Orcha）、维捷布斯克（Vitebsk）和斯摩棱斯克（Smolensk）地区，第27、28和29号装甲列车在布良斯克（Bryansk）、奥廖尔（Orel）和库尔斯克（Kursk）地区；在南方集团军群战区，第4号装甲列车在第聂伯罗彼得罗夫斯克（Dnyepropetrovsk）和扎波罗热（Zaporoshye）一线，第31号装甲列车被部署在克列缅丘格（Krementshug）至波尔塔瓦（Poltava）的铁路线上。

当苏军在1941年12月发动反攻时，位于战线各处的德军装甲列车也被卷入了激烈的战斗。1942年1月2日，第27号装甲列车在苏切尼斯克（Suchinitsk）以南地区丢掉了全部车厢，但很快在罗斯拉夫尔（Roslavl）利用缴获的苏军装甲车厢完成整补。1942年1月13日，在卡卢加（Kaluga）以西，第29号装甲列车被击毁。在1942年初，第1、2号装甲列车的任务是保持斯摩棱斯克与维亚济马（Vyasma）之间的铁路线畅通无阻，这对于第4装甲师和第9装甲师的物资补给非常重要。与此同时，1列临时加装防空武器的辅助装甲列车在维亚济马和勒热夫（Rzhev）之间投入了战斗，后来第1号装甲列车也被调到这一地区。在1942年年初时，为了确保驻守大卢基（Velikiye Luki）的第83步兵师的物资补给，第3号和第27号装甲列车负责保护从涅维尔至大卢基的铁路线，还有2列辅助装甲列车保护新索科利尼基地区的铁路线。1942年5月，第3、27号装甲列车先后触雷受损，被撤往后方修理。作为替代，第83步兵师

■ 1942年1月，第27号装甲列车在苏切尼斯克被包围，失去了全部车厢，后来在罗斯拉夫尔利用缴获的苏制装甲车厢重组，其中包括带有2座炮塔的装甲火炮车厢。在重组后，第27号装甲列车和第3号装甲列车一道被派往涅维尔至大卢基的铁路线，保护第83步兵师的补给线。1942年5月30日，第27号装甲列车在行动中触雷受损，被迫返回后方修理。图为第27号装甲列车的触雷现场。其中1节火炮车厢的一半被完全摧毁，可见爆炸威力之大，包括列车指挥官在内的4名德军官兵在爆炸中丧生。

■ 本页的三幅照片均为德军缴获后重新使用的波兰或苏军装甲列车。最上图是1列俘获自波兰军队的装甲列车,下两图是从苏军手中缴获的装甲列车,注意其旋转炮塔的细节特征。

自行编组了1列辅助装甲列车，以该师的番号命名为第83号装甲列车。同一时期，第6号装甲列车也在德诺地区受损，被迫后撤维修。

1942年春季，苏联德占区的铁路基本改造为欧洲标准的窄轨铁路，并已经延伸到其前线地区，这样德军原有的宽轨装甲列车的行动范围大幅缩小，因此在1942年4月至8月间，所有宽轨列车被逐步改为标准轨距。在1942年3月，第10号、第28～31号装甲列车由奥廖尔地区调往东线南部，归属南方集团军群辖制，这些列车也改为标准轨距。当南方集团军群（后分为A、B集团军群）在1942年夏季发动攻势时，考虑到新占领地区的铁路尚未改造，该集团军群的装甲列车没有参加作战，而是全部停留在哈尔科夫地区。

当1942年11月中旬苏军在斯大林格勒前线发起反攻时，德军装甲列车的配属如下：第26、51号装甲列车归属北方集团军群；第1、2、3、4和21号装甲列车归属中央集团军群；第7、10和28号装甲列车归属B集团军群；第6、24号装甲列

车部署在巴尔干；第22、25号装甲列车在法国。第23、30和31号装甲列车不久前返回国内接受维修和重组，已经完成整补的第27号装甲列车将配属于中央集团军群。

同时，在占领区后方，苏联游击队的袭扰活动愈发频繁，保护铁路安全、确保部队调动和物资运输顺利进行的任务就落在这些钢铁巨兽身上，所以反游击战成为德军装甲列车的首要任务，德军也意识到需要强化它们的武器，以便对难缠的游击队形成压倒性火力优势。国防军最高统帅部在1942年11月11日发布的一份关于反游击战的文件中，仅简略提及了装甲列车；但是在1944年5月6日发布的另一份作战备忘录中，对于装甲列车在反游击战中的作用已经有了详细的叙述，其中很多内容都是基于实战经验提出的，这份备忘录提供了很多有关德军装甲列车作战的资料。装甲列车的特殊性能使其能在大范围行动中有效打击游击队，它既可以单独实施机动作战，也可与其他单位协同攻击，封锁游击队的撤退路线，提

■ 第24号装甲列车搭载的一辆捷克制38（t）坦克准备从平板车厢上卸下来，该车在1942年底时正在巴尔干地区作战。

供炮火支援以及作为协同行动的指挥部。此外在日常的小规模行动中装甲列车也作用明显。备忘录中还提到了装甲列车的其他任务，包括防止运输队和铁路线受到攻击，对铁路沿线的游击队进行清剿，护卫运送重要物资和人员的列车，为铁路沿线的据点提供补给和支援，保护受到威胁的铁路设施以及协助修复遭到破坏的铁路，有时还要加挂车厢，承担运兵任务，为运载的步兵部队提供保护。

考虑到装甲列车将承担越来越多的新任务，中央集团军群司令部在1941年夏季成立了一个指挥部，专门负责装甲列车部队的日常事务，该部门与装甲列车参谋部一样从属于快速部队司令部吗，这一部门非常有利于装甲列车的管理，并在1942年春季显露出成效。1942年4月1日，装甲列车补充训练基地在华沙附近的伦贝尔图夫（Rembertow）成立，此后装甲列车编组完成后，其人员的组织、训练、替换以及装备的补充、修理都在这里进行。1942年5月26日，装甲列车参谋部提交了一份题为"关于建造和利用铁路装甲列车的临时性指导方针"的文件，并通过快速部

队司令部指示各部队贯彻执行。这份文件的重要意义在于对装甲列车的编制和技术标准做了规范性的规定，这些标准直到战争结束都没有太多改变。根据这份文件，德军在1943年－1944年对老式装甲列车的武器和人员配置进行了调整。

■ 下图是1942年夏季第28号装甲列车改为窄轨列车后的留影。它重新启用德制机车和原有的步兵车厢，后者已经加装了屋脊形顶盖，平板车厢上仍然搭载着S35型坦克，但增加了2节不同类型的苏制装甲火炮车厢。

■ 上图是第29号装甲列车搭载的法制索玛S35型坦克的正面特写照片。一名车组成员手持望远镜从车体正面打开的舱口向外观察。

■ 上图是在1941年6月"巴巴罗萨"行动初期投入作战的第26号装甲列车。这幅从车首方向拍摄的照片显示了该车的车厢编组顺序，由近至远分别是清障车厢、坦克搭载车厢（装载一辆法制索玛S35型坦克）、顶部敞开的步兵车厢和57型蒸汽机车，机车后方的车厢排列与前部车厢呈对称布局。从照片中可以看到机车并未加装大面积的防护装甲，仅有驾驶室有少量装甲。

■ 上图是1941年在东线作战的第28号装甲列车，近处的清障车厢上一名德军士兵端着冲锋枪坐在一堆枕木上警戒，其后方是载有索玛S35型坦克的平板车厢，再后面是搭设了帆布顶篷的步兵车厢，多少可以为车载步兵遮风避雨。在步兵车厢后方是57型蒸汽机车，此时机车仅在驾驶舱周围安装了防护钢板，一名司炉工正在机车后部的煤车上忙碌着。下图是到1941年秋季时的第28号装甲列车，该车几乎完全变成1列苏制列车，原有的车厢仅保留搭载S35型坦克的平板车厢，其余车厢都更换为苏制封闭式车厢，包括2节装备107毫米炮的火炮车厢，连牵引机车也更换为苏制O型装甲机车，原有的步兵车厢和德制机车则移交后勤单位用作运输列车。

■ 本页组图均为 1942 年秋季的第 28 号装甲列车。该车编入多节缴获的苏军装甲车厢，并使用苏制装甲机车牵引，从本页下图中可以看到列车远端的坦克搭载车厢为 2 节，可以推断整列列车的坦克搭载车厢数量增加到 4 节，仍搭载着老旧的索玛 S35 型坦克。

■ 1942年夏季第28号装甲列车在大卢基附近的一幅留影。当时该车与1列为第83步兵师运送补给的列车连接在一起。

■ 上图为第 28 号装甲列车的坦克搭载车厢。车厢两侧加装了装甲护板,可以保护索玛 S35 型坦克的行走装置,在车厢两端还安装了液压式升降跳板,提高了坦克的装卸速度。

■ 下图是第 28 号装甲列车的 1 节火炮 / 防空车厢,摄于 1942 年 7 月的东线战场上。可看见车厢上装有一座四联装 20 毫米高射炮。

■ 上图是1942年第28号装甲列车的1节苏制装甲火炮车厢的近照。这节车厢最初有2座炮塔，德军将其中一座拆除，改装为防空炮位，安装一座四联装20毫米高射炮，保留下来的那座炮塔内没有安装常见的苏制76.2毫米野战炮，而是1门苏制45毫米反坦克炮。在这节装甲火炮车厢后面是1节加装了顶盖的老式步兵车厢，车顶的天线表明它正在作为1节指挥车厢在使用。

■ 下图是1943年春天，第28号装甲列车在亚述海沿岸别尔江斯克（Berdyansk）附近地区行动时的留影。该车仍搭载着S35型坦克。

■ 有的德军宽轨装甲列车只使用了 1 节缴获的苏制装甲车厢，比如上图的第 26 号装甲列车。该车加挂了 1 节苏制装甲火炮车厢，与第 28 号装甲列车的情况相似，该车厢上的一座炮塔被拆除，改为防空炮位，安装一座四联装 40 毫米高射炮。

■ 下图是第 31 号装甲列车在 1941 年至 1942 年冬季的留影。此时该车编有一种四轮轴的大型封闭式步兵车厢，以便为更多的步兵提供御寒之所，从图中可见该车仍保留着搭载 S35 坦克的平板车厢。

■ 从1942年底开始，所有仍在服役的老式装甲列车都根据新的编组规范进行了重组；新的火炮车厢是以缴获的苏制装甲车厢为基础改装的，重新安装了2个多面体造型的旋转炮塔，位于车厢前后，但安装高度不同，在2座炮塔之间加装了容纳炮组成员和弹药的装甲室，还加装了观察塔和探照灯。新的指挥车厢由普通货运车厢改装而成，在厢壁内侧加装了钢板，顶部增加了观察塔，此外还增加了1节装备四联装20毫米高射炮的防空车厢。搭载坦克的平板车厢依然得到保留，但搭载的坦克型号改为捷克制38（t）型。在列车两端挂有清障车厢。按照新的编组规范，装甲列车通常按照机车、防空车厢、指挥车厢、火炮车厢、坦克车厢和清障车厢的顺序排列，列车前半部和后半部的车厢组合大致对称。尽管各装甲列车在形式上达成了统一，但在某些细节上仍然具有独特性，这一点从本页几列德军装甲列车的战时留影中就能看出来。

　　本页上图是摄于1943年8月的第1号装甲列车的照片。这列源自战前铁路护卫列车的装甲列车早已无复旧观，照片清晰显示了列车车厢的排列方式，注意火炮车厢后方的平板车厢上搭载了一辆38（t）型坦克，在车厢两侧有垂直挡板作为保护。

　　本页中图是摄于1943年8月的第23号装甲列车的照片。这幅照片显示了位于列车尾部的清障车厢，值得注意的是该车的坦克搭载车厢采用了一种外倾的侧面挡板结构，这种设计借鉴自德军新型装甲列车的防护设计。

　　本页下图是摄于1944年2月的第26号装甲列车的照片。从图中可以清晰地观察到装甲火炮车厢的外形特征。

■ 德军在 1941 年 11 月突破彼列科普地峡时缴获了 2 列苏军装甲列车，其中 1 列很快被德军重新启用，上图是这列装甲列车的新乘员们在车前列队，接受长官的训示。该车于 1942 年元旦前夕在费奥多西亚（Feodosia）北部首次参战，但之后的命运不得而知。

■ 下图是 1942 年春季由第 83 步兵师自行编组的辅助装甲列车，并以该师的番号命名为第 83 号装甲列车。该车包含 2 节装甲车厢，在车顶安装一座苏军 BT-7 轻型坦克的炮塔，配备 1 门 45 毫米坦克炮。第 83 号装甲列车一直服役到 1945 年 5 月。

■ 辅助性质的铁路护卫列车也被德军用于东线之外的其他占领区，比如挪威和巴尔干地区。上图及下图就是在希腊和南斯拉夫地区作战的200系列铁路护卫列车，它们都采用标准轨距的机车和车厢。从上图中可见，该列车的车厢大多是带有低矮挡板的平板车厢，并在部分车厢上搭载了缴获的法制坦克，另外一些车厢用于搭载步兵。从下图可以清楚地判断车厢上搭载的是1辆法制雷诺 TF-17/18型坦克，这是制造于一战时期的古董，此外也会搭载霍奇斯基、雷诺或索玛等其他型号的法制坦克。

■ 上图及下图是1列在法国南部地中海沿岸地区执行警戒任务的德军铁路护卫列车。其装甲车厢来自缴获的法军装甲列车，但机车为德制G-10型蒸汽机车。从上图中可以观察到装甲车厢侧面的窗口上架有1挺机枪，在照片右侧的平板车厢上搭载了2辆一战时期生产的雷诺FT-17型坦克，从下图中可见该车的机车没有加装防护装甲。

■ 上图是1列德军铁路护卫列车的局部照片，摄于法国南部占领区。值得注意的是图片右侧的装甲车厢底部垫有双层枕木，能有效降低地雷和其他爆炸物对列车的伤害。此外平板车厢上搭载了两种不同型号的坦克，左侧的是霍奇斯基 H-39 坦克，右侧是雷诺 FT-17 坦克。

■ 下图是1列德军铁路护卫列车的炮手们在全神戒备的照片，摄于法国南部。注意照片下部可见车顶纳粹卐字标志的一角，这一标志用于对空识别了。由于受威胁程度较低，也为了节约资源，法国占领区的铁路护卫列车将火炮直接置于敞开的车厢顶部，炮手和火炮都暴露在外，缺乏防护，这在战斗激烈的东线战场上是非常危险的。

■ 左图是1列铁路护卫列车的火炮炮位特写。1门75毫米火炮被直接安装在车厢顶部的开口处，一名炮组成员悠闲地坐在车顶上，炮队镜就架设在身边，方便随时观察情况。

■ 下图是1列典型的铁路护卫列车。从外观看该车的车厢都是使用普通的货运车厢改装，近处这节火炮车厢顶部的75毫米火炮指向一侧，除了火炮防盾，炮位周边没有任何防护装甲。这类缺乏防护的铁路护卫列车通常部署在威胁较少的地区。

■ 本页组图是1列在意大利战场上服役的德军装甲列车的留影。其番号不明，有可能是1列临时改装的铁路护卫列车。从这几幅照片中可以看出，这列列车的火炮车厢造型奇特，其上部结构呈梯形截面，安装了一座法制索玛 S35 型坦克的炮塔。

■ 上图及下图为"斯德丁"号铁路护卫列车的战时留影。该车于 1942 年 6 月转为正规装甲列车，编号为 51 号装甲列车。该车的火炮车厢是用普通货运车厢改装的，从上图中可以清晰地观察到火炮车厢顶部呈背负式布局的炮塔，它们都是装备 45 毫米炮的苏制 BT-7 坦克炮塔，这种布局可以使 2 座炮塔同时向前方射击，在上图还能看到列车远端的防空车厢，同样利用货运车厢改装，在车厢顶部安装一座四联装 20 毫米高射炮。下图是第 51 号装甲列车火炮车厢的近照，可以辨别出坦克炮塔的细节特征。

■ 上图是1942年4月，德军人员在雅罗斯拉夫尔的铁路修理厂内检查一辆被完整缴获的苏军装甲机车，准备将其重新投入使用。从照片中可见这辆机车浑身披挂铁甲，防护非常全面。下图是这辆装甲机车的局部特写，一名德军士兵从舱口探头观察，注意厚实的舱盖，此外车体中央连接处也显示出侧面装甲钢板的厚度。最值得注意的细节是照片左侧车体上的识别标志，原有的苏军红五星标志并未被抹去，直接在五星上涂绘了德军的铁十字标志，凸显出德军急于将其重新启用的迫切心态。车体进出舱口旁边的标识文字为"德国国防军"。

■ 1942 年春季，1 列被德军缴获的苏制装甲机车在雅罗斯拉夫尔的铁路修理厂内试车，为加入德军部队做最后的准备。

■ 本页及对页的组图均为德军在苏德战争初期缴获并重新使用的苏制装甲车厢近照。这些装甲车厢所配属的装甲列车的编号不详，有可能是第26 ~ 31号装甲列车中的任何1列。照片中可见安装76.2毫米火炮的旋转炮塔和苏制37毫米高射炮。

■ 第62页至65页的图片均为德军第10号装甲列车的历史照片。这列装甲列车的血统与第21、22号装甲列车相同，都是源于波兰的装甲列车，但它加入德军的经历比较曲折，先在1939年9月被苏军俘获，后来又在1941年6月在利沃夫地区被德军俘获，随后被德军纳为己用。第10号装甲列车又细分为10a号和10b号两组列车，本页及对页的图片均为10a号列车的照片。下面的跨页图片展示了10a号装甲列车的编组情况，可以注意到带有双炮塔的火炮车厢。本页上图为10a号装甲列车火炮车厢旋转炮塔的近照，炮塔内安装了1门波兰制75毫米 K.F.02/26（p）型野战炮，值得注意的是镜头近处的观察塔并不是原装的波兰货，而是德军 III 号或 IV 号坦克使用的坦克指挥塔，显然出自德军的改装。

■ 上图为第 10 号装甲列车（原 10a 号装甲列车，10b 号装甲列车后改为第 11 号装甲列车，10a 号独自占有了编制序号）的 75 毫米火炮在向目标开火，摄于 1944 年 3 月。该车于 1944 年 3 月 15 日在科维尔陷入包围，后于 3 月 21 日在空袭中遭到重创。

■ 上图是第10a号装甲列车的100毫米 F.H.14/19（p）轻型榴弹炮的正面特写。这也是一款波兰火炮，其炮塔正面造型很有特点。

■ 上图及下图是10b号装甲列车的历史照片。该车经历与10a号装甲列车相似，其历史渊源可以追溯到1920年波兰军队缴获的苏俄装甲列车，由此看来其服役生涯可谓三易其主，后来德军将10b号装甲列车重新编为第11号装甲列车。

■ 本页的两幅照片来自于 1943 年 1 月"帝国新闻周报"的新闻纪录片。照片展示了 10b 号装甲列车的 75 毫米 K.F.02/26（p）型野战炮开火的连续镜头，上图为开火之前，下图为开火后炮管已经后退到最大后座位置。

新型装甲列车和装甲轨道车

鉴于装甲列车在1941年至1942年间在东线战场的表现，德军考虑设计新型装甲列车，第6铁路工程处参照第10铁路工程处在1942年设计了BP-42型装甲列车（部分资料误写为EP-42型），目的是能够应对任何可能发生的战斗状况。BP-42型保留了较强的随车步兵力量，同时增加火炮数量，在设计上参考了波兰和苏联的装甲列车，每列列车同样配备4门火炮，但没有采用1节车厢安装2门火炮的方式，而是每节车厢安装1门火炮，以避免仅1节车厢被摧毁就失去半数火炮的情况，所有火炮都安装在呈十面截锥体的旋转炮塔内。车厢布局呈对称式，机车（如57型机车）位于列车中央，机车前后的车厢排列完全一致，每一侧以机车为起点依次是1节火炮车厢［装有1门100毫米 M-14/19（p）型野战榴弹炮，车厢内还设有厨房和医务所］、1节指挥／步兵车厢、1节防空／火炮车厢［装有1门76.2毫米 F.K.295/1（r）型野战炮和1座四联装20毫米高射炮，高射炮安装在火炮炮塔后方较高的防空炮位上］，也有的装甲列车会装备4门同型号的火炮，100毫米或76.2毫米。所有车厢都用15～30毫米的倾斜装甲加以保护，车厢的车轮也同样得到防护。机车的防护装甲具有圆滑的外形，而且装甲板与车体之间留有空隙，与先前装甲机车常用

■ 具有统一设计规范的BP-42型装甲列车于1942年开始研发并投产，图为1列完成组装的BP-42型装甲列车在伦贝尔图夫基地的铁路支线进行测试，该基地位于华沙附近，德军装甲列车在这一基地进行组装、维修、训练和集结。

■ 1列 BP-42型装甲列车在冰天雪地的东线战场上行进，摄与1943年 -1944年的冬季，可看见车体上都涂绘了白色伪装色。

的带有很多棱角的贴身型装甲相比，新的装甲结构留有通道，便于维护，而且防护能力更好。

第10铁路工程处的"1941型装甲列车"有一个突出特点，即是将坦克搭载于平板车厢上，这一做法通过第26～31号装甲列车的实战已经被证明是有效的，因此也被 BP-42型列车所继承。

平板车厢搭载的坦克可以通过跳板下车，与车载步兵协同作战，明显加强了随车部队的战斗力扩大了行动范围。BP-42型装甲列车使用带有外倾护板的平板车厢搭载坦克，在列车前后各挂载1节，搭载的坦克型号为捷克制38（t）型，装有1门37毫米坦克炮和2挺机枪。

■ 1列 BP-42型装甲列车配属的捷克制38（t）轻型坦克通过跳板从平板车厢上卸下。从这幅照片可以近距离地观察到搭载坦克的平板车厢装有外倾式护板，车厢的行走机构也得到很好的防护。

BP-42型装甲列车还融入了铁路装甲车的设计，这种车辆原本是一种仅能够在铁轨上行驶，执行侦察巡逻任务的机动车辆，德国人对其进行了改进。每列BP-42型装甲列车都能加挂2辆法制潘哈德38（f）型铁路装甲车，该车装备1门25毫米机关炮和1挺机枪，它不仅能在铁轨上行驶，也能在更换为常规车轮后，在公路上行驶，更换车轮仅需10分钟时间。在BP-42型开始生产后，部分老式装甲列车也逐渐装备了新的坦克搭载车

厢和潘哈德铁路装甲车。

从表面看来，德国工程师们确实创造出一种防护完善、火力强劲且外观雄伟的装甲列车，确实能够使人相信它能够应对各种战斗状况，但是实战证明BP-42型装甲列车在各类作战行动中存在诸多不足。在需要快速反应的反游击战中，外形庞大、结构复杂的BP-42型列车显得非常笨拙，反应迟钝，操纵困难，从接到警报到抵达事发现场往往需要较长时间，足以让游击队撤离。更为

糟糕的是，游击队还会在列车前来的铁路上埋设地雷，一枚重型反坦克地雷的威力会给装甲列车造成严重毁伤，而且这种状况在战争后期频繁出现。BP-42型装甲列车能够胜任与步兵的战斗，但在东线战场上它们常常要与苏军坦克交战，而列车上没有配备有效的反坦克武器，其本身的防护能力也仅能应对步兵轻武器和破片的攻击，无法抵御坦克炮、反坦克炮及其他类似武器的攻击。由于受到车辆底盘承重能力的限制，装甲列车也无法大幅增加装甲厚度，否则将使底盘和机车不堪重负。装甲列车在战场上是一个非常显眼的目标，难以隐藏，很容易遭到集火攻击。最不可思议的是装甲列车常常被当作机动铁道炮兵使用，虽然它的武备能够担当此类角色，但其搭载的步兵却难以发挥相应作用，列车搭载的坦克也仅能担负警戒或掩护任务。

为了提高装甲列车的战斗力，德军对BP-42型装甲列车进行了改进，在1944年春季发展出BP-44型装甲列车。受到车轴负重能力的限制，BP-44型在装甲防护上没有任何改观，但在坦克搭载车厢之前加挂了1节新的坦克歼击车厢，即

在平板车厢上搭载一座IV号坦克的炮塔，安装1门75毫米L/48型坦克炮，有时也会使用T-34坦克的炮塔，安装1门76.2毫米坦克炮，坦克歼击车厢的意义在于使装甲列车在遭遇苏军坦克时具备有限的自卫能力。同时，BP-44型列车的炮兵武器也更换为德制105毫米18M型野战榴弹炮，但炮塔结构没有改变。此外，BP-44型对车载部队进行了重新编组，以提高作战效能，但兵力数量上变化不大。从1944年春季开始，德军逐步将现有的BP-42型列车升级为BP-44型列车，最先接受改装的是第73号装甲列车，当时缺乏多余的德制105毫米榴弹炮，因此该车保留了原有的100毫米火炮和76.2毫米火炮。1944年7月，第74、75号装甲列车匆忙完成改装，在没有加挂坦克歼击车厢的情况下就被投入战斗。第76号装甲列车是第1列完全符合BP-44技术标准的装甲列车。到1945年1月，由于105毫米18M型榴弹炮的产量严重不足，第79号装甲列车甚至没有安装炮塔就被派往前线，作为替代在火炮车厢的炮塔位置安装了数门120毫米重型迫击炮，充当全车的重火力。

■ 下图是1列番号不明的BP-42型装甲列车的全景照片。图片清晰地展示了列车的构成和各节车厢的排列情况。左页上图是第61号装甲列车，该车是最早投入使用的BP-42型装甲列车，注意其炮塔造型和平板车厢上搭载的捷克制38（t）型坦克，该车于1942年底建成服役。

■ 上图是 BP-42 型装甲列车火炮 / 防空车厢的特写照片，在车厢顶部低处的炮塔上安装了 1 门缴获的苏制 76.2 毫米 F.K. 295(r)型野战炮，在车厢顶部高处的防空炮位上安装了 1 座四联装 20 毫米高射炮。

■ 下图是 1 节 BP-42 型装甲列车的火炮车厢的指挥塔正在接受维修。请注意其炮塔上安装的是缴获自波兰军队的 100 毫米 FH-14/19（ p ）型榴弹炮。在 1 列装甲列车上装备数种不同型号的火炮，这在战争时期的德军装甲列车上是十分普遍的现象，因为装甲列车对德军而言始终是一种辅助性武器，在生产上根本得不到优先权，只能利用现有的装备，所以多数情况下都会使用缴获的武器。

■ 上图是 BP-42 型装甲列车的火炮／防空车厢局部特写：A. 舷窗；B. 可开闭的观察孔；C. 机枪射击孔；D. 步兵轻武器射击孔。

■ 下图是 1 列 BP-42 型装甲列车的近照，拍摄于该车在某处车站进行警戒时。近处是该车的火炮／防空车厢。

■ 图为第303号轻型装甲巡逻列车的3辆轻型铁路侦察车，1列完整的轻型装甲巡逻列车由10辆轻型铁路侦察车构成，这些侦察车也可以单独行动，或数辆车编队行动，彼此之间可以相互支援。

在战前，波兰军队曾设想研发一种全新概念的铁路战斗车辆，其尺寸较小，轻便灵活，具有自主动力，既能够单独作战，也能成列编组，但由于战争爆发未能实现。1943年，德军基于波兰人的想法继续进行设计，研制了新型的铁路侦察车（Spahwagen，缩写为Sp.），这种车型采用电动机驱动，既能够单车行动，也能多车编队作战，还能以若干辆车相互连接组成完整的装甲列车，德军希望这种新型铁路战车能够具有比传统装甲列车更好的适应性和灵活性。

新型铁路侦察车分为轻重两种型号，均采用了倾斜装甲设计，具有良好的避弹外形。轻型铁路侦察车（le.Sp.）使用一台76马力斯太尔式气冷电动机驱动，最高时速可达70公里／小时，配备4挺机枪，乘员为6人，装甲厚度为14.5毫米，战斗全重8吨，10辆轻型铁路侦察车共同编成1

列轻装甲巡逻列车。德军尤其要求轻型铁路侦察车可以在塞尔维亚南部、马其顿及希腊地区的轻轨路基铁路上执行巡逻任务，实际上由于其仅配备轻武器，也只能从事治安任务。1944年春季，4列装甲巡逻列车完成编组，交付德军部队，番号为第301～304号装甲巡逻列车。

重型铁路侦察车（s.Sp.）采用与轻型铁路侦察车相同的动力装置，由于战斗全重可达到18吨（根据装备不同会略有变化），动力相对较弱，其最高时速为40公里／小时。重型铁路侦察车在装备上有很多变化，在编成装甲列车时各车会根据不同的角色配置相应的武器和设备。1列重型装甲巡逻列车由12辆重型铁路侦察车组成，包括1辆指挥车（搭载连指挥部、无线电台及医疗分队）、1辆步兵指挥车（搭载步兵排指挥部，仅装备机枪）、2辆步兵运载车（仅装备机枪，随车步兵携

■ 上图是1944年6月由火车运往巴尔干地区的轻型铁路侦察车，它们将被编成第303号轻型装甲巡逻列车。

■ 下图是1944年11月交付部队的1列重型装甲巡逻列车。根据编制计划该车应由12辆重型铁路侦察车构成，但实际上仅有8辆，其中包括2辆装有 III 号 N 型坦克炮塔的火炮运载车，其武器是短身管75毫米炮。

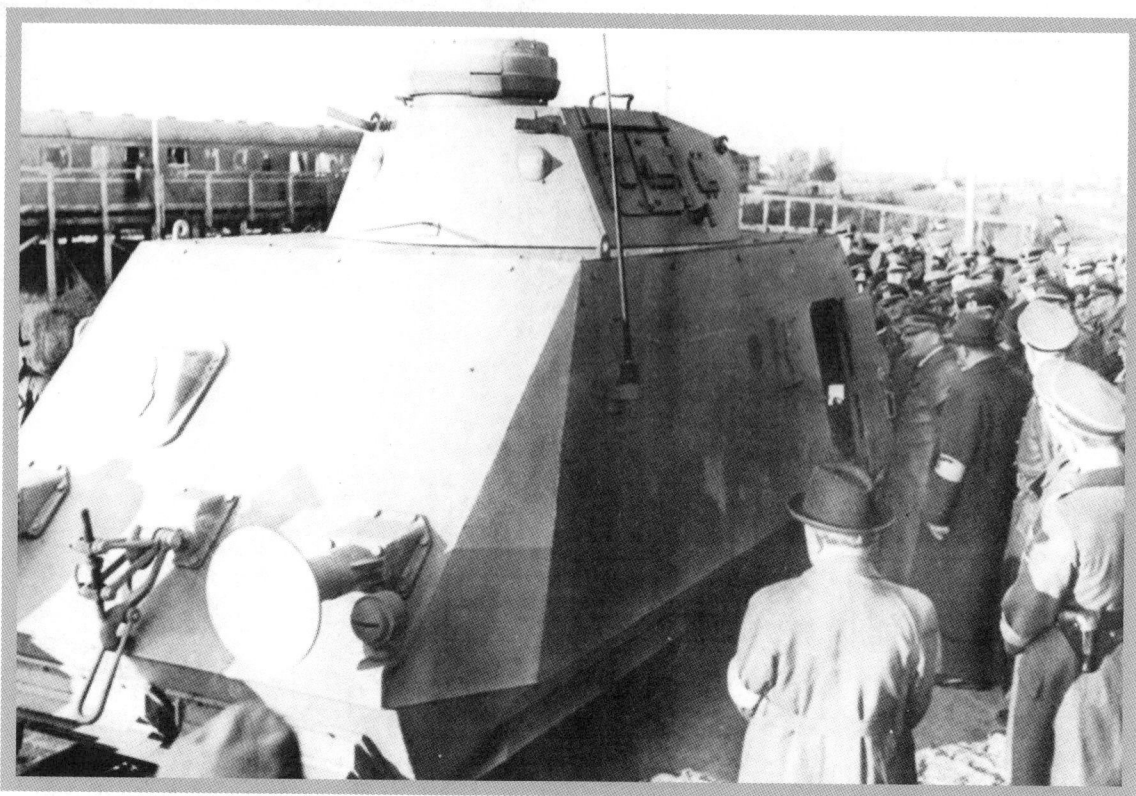

■ 第三帝国元首阿道夫·希特勒在一群纳粹高官的簇拥下参观一辆重型铁路侦察车,这辆车属于重型装甲巡逻列车的火炮运载车,顶部安装一座Ⅲ号N型坦克的炮塔,注意车体侧面打开的舱门和无线电天线。

带1挺重机枪、4挺轻机枪和2门81毫米迫击炮)、1辆工兵运载车(仅装备1挺机枪,随车工兵分队携带2挺机枪及火焰喷射器)、1辆炮兵指挥车(仅装备1挺机枪)、4辆火炮运载车(每辆安装1座Ⅲ号N型坦克的炮塔,配备1门75毫米L/24型坦克炮)和2辆防空车(每辆安装一座四联装20毫米高射炮)。此外,在列车两端可以加挂搭载38(t)轻型坦克的平板车厢和清障车厢,也可以编入潘哈德38(f)型铁路装甲车。

就战斗能力而言,重型装甲巡逻列车与BP-42型装甲列车相当,但可以下车作战的士兵数量仅为25人,比BP-42型减少了一半。由于动力薄弱,整列列车的行驶速度仅为20公里/小时。不过,由于组成列车的各辆侦察车都能自行驱动,其可以控制的范围较传统装甲列车更大,而且避免了机车受损、整车瘫痪的尴尬局面;在战术编组上也具有更大的灵活性,列车可以将步

兵运载车置于前部接敌,位于列车后部的火炮运载车将给予支援,减少列车整体暴露在敌前的几率。德军计划在1944年上半年完成10列重型装甲巡逻列车的建造,但直到1944年11月最初建造的第201、201号装甲巡逻列车才交付部队并派往巴尔干地区,随后在1945年1月,第203、204号装甲巡逻列车也投入使用。在战争结束前不久,第205、206号装甲巡逻列车交付驻米洛维采(Milowitz)的装甲列车补充部队,而到战争结束时,第207、208号装甲巡逻列车还停留在斯太尔工厂内,仅部分组装完成。第209、210号装甲巡逻列车于1945年1月被取消建造。造成生产延迟的主要原因是技术困难和资源匮乏,实际上没有1列重型装甲巡逻列车是按照标准编制完工的,基本上没有配齐火炮运载车或步兵运载车,还有的用平板车厢搭载高射炮来替代防空车。最讽刺的是,到战争后期由于燃料紧缺,铁路侦察车的

■ 上图是1944年底交付德军部队的1列重型装甲巡逻列车，它由8辆重型铁路侦察车组成。按照标准编制，1列重型装甲巡逻列车应由12辆车组成，包括3辆指挥车、2辆步兵运载车、1辆工兵运载车、4辆火炮运载车和2辆防空车，但由于技术困难、资源匮乏，实际完工的列车未能达到标准，火炮运载车的数量减少为2辆，根本没有配备防空车，用搭载高射炮的平板车厢作为替代。

■ 左两图是两种不同型号的重型铁路侦察车，左上图是火炮运载型侦察车，安装了一座 III 号 N 型坦克的炮塔，配备了短身管75毫米坦克炮。左下图是指挥型侦察车，车顶有一座指挥塔，并安装了框架形通讯天线。

电动机极少使用，反而常常使用传统的蒸汽机车来牵引整列装甲列车，本来具有自主行动能力是铁路侦察车的最大优势，结果无从发挥。

在设计新型装甲列车的同时，德国人也着手研发新的装甲轨道车，这是一种比铁路侦察车更大的铁路战斗车辆，可以视为强化武装的装甲机车，既可以作为装甲列车的牵引车，也可以独立作战，类似于苏军的机动装甲炮车。装甲轨道车在战前就存在，德国铁路部门在20世纪30年代初曾拥有5辆铁路护卫轨道车，编号为VT807～811，到战争爆发时仅有1辆还在使用，后被德军接收并命名为第15号装甲轨道车，其武器仅为机枪，一直服役到战争结束。1940年底，第10铁路工程处在设计SP42型装甲列车时考虑使用一辆强化武装的柴油机车作为作为牵引车，根据这一设想，位于维尔道（Wildau）的柏林机械制造股份公司于1942年对一辆属于国防军的WR 550D型柴油机车进行了改造，车体用装甲钢板加以覆盖，在车体两端各有一个安装四联

装20毫米高射炮的防空平台。SP42型装甲列车最终未能生产，这辆柴油机车也被闲置在仓库中，直到1943年才被德军启用并接受改装，将高射炮更换为与BP-42型装甲列车相同的旋转炮塔，安装76.2毫米295/1（r）型火炮，作为第16号装甲轨道车于1944年初投入使用。1945年5月初，第16号装甲轨道车在新鲁平（Neu-Ruppin）附近被波兰部队俘获，后来被收藏在华沙铁路博物馆内，是极少数保存至今的纳粹德国铁路机车之一。

1943年12月，德军将一辆缴获的苏军机动装甲炮车作为第17号装甲轨道车重新服役，此后又有6辆类似的被俘苏军装甲炮车被纳入德军作战序列，命名为第18～23号装甲轨道车，它们在1943年11月-1944年1月间完成改装，但直到1944年下半年才交付部队。这些缴获自苏军的装甲轨道车在车体前后各有一座旋转炮塔，安装76.2毫米火炮，此外还配备4挺机枪，车组乘员为21人，装甲厚度为20毫米，战斗全重达34吨，动力装置为180匹马力的电动机，最高时速可达

■ 1944年制造完成的第16号装甲轨道车，这幅照片可能摄于1945年该车被苏军俘获后，后来被移交给波兰军队用于铁路警戒，于1974年退役后被送往华沙铁路博物馆收藏。

■ 上图是德军在苏德战争初期缴获的一辆苏军装甲机动炮车。该车在车体两端的多面体旋转炮塔上安装了76.2毫米野战炮，其中右侧的炮塔上还架设了用于对空射击的马克沁重机枪，炮塔上的弹痕表明它在被俘前经历了激烈的战斗。在1943年底到1944年初，德军先后将7辆缴获的苏军装甲机动炮车修复后重新服役，命名为第17～23号装甲轨道车。

■ 下图是1943年12月经过德军改装后重新服役的第17号装甲轨道车，在保留原有的苏制武器之外，德军更换了电台，同时对舱门和轻武器射击孔进行了改进，注意车体中央指挥塔顶部的框架天线。

60公里／小时，最大行程为500公里。

1944年春季，意大利安萨尔多 - 福萨蒂公司（Ansaldo-Fossati）与德军签订合同，为后者建造9辆ALn-56型装甲轨道车，此前该公司已经为意大利军队建造了5辆同型车辆。ALn-56型装甲轨道车装有2座配备47毫米坦克炮的意大利M13/40型坦克炮塔，此外装有1门布雷达20毫米高射炮和6挺机枪（包括2挺高射机枪）。上述9辆车在加入德军后被命名为第30～38号装甲轨道车，它们在1944年下半年被派往巴尔干参战。

在1944年-1945年冬季，斯太尔工厂又开始为德军建造3辆新的装甲轨道车，其预定番号为第51～53号，并被称为"装甲歼击轨道车"。它们在设计上与缴获自苏军的第18～23号装甲轨道车相似，但使用2座配备75毫米L/48型坦克炮的IV号H型坦克炮塔取代了之前装备苏制76.2毫米火炮的旋转炮塔。到战争结束时，至少有一辆装甲歼击轨道车在斯太尔工厂完工，但未能参战。

除了上述由后方工厂设计、建造的装甲轨道车和由缴获苏军车辆改装的装甲轨道车外，德军前线部队还利用现有的资源自行改装了一款"齐柏林"型装甲轨道车，安装了苏军BA-10型装甲车的炮塔，配备45毫米火炮，车上的很多部件都直接采用缴获苏制车辆的零部件，以节约成本和时间，至少有7辆该型装甲轨道车建成服役。

在作战运用上，德军的装甲轨道车通常被用于加强其他装甲列车，实际上仅有最老的第15号装甲轨道车曾在希腊独立作战，当时该车与数辆潘哈德铁路侦察车配合行动，执行治安任务，直到1944年春季全新的轻型铁路侦察车服役。第16～23号装甲轨道车均在东线作战，被编入不同的装甲列车部队中。由意大利制造的第30～38号装甲轨道车被指定配合轻型铁路侦察车作战，但只有第30、31号车按计划编入由轻型铁路侦察车编成的第303号装甲巡逻列车，其他几辆车都被分配到在巴尔干地区作战的其他装甲列车中，除第36号车在波希米亚和摩拉维亚地区作战，第37号车于1945年2月被调往东线。

■ 意大利安萨尔多公司于1944年为德军制造的ALn-56型装甲轨道车。该公司一共为德军制造了9辆同型车，车体两端安装了意大利M13/40型坦克的炮塔，配备47毫米坦克炮，还安装了1门20毫米高射炮和6挺机枪。图为刚刚建造完成的ALn-56型装甲轨道车。

■ 左图是1945年春美军在斯太尔工厂内发现的第51号装甲轨道车，该车是德军在战争末期制造的3辆装甲歼击轨道车之一，在车体前后安装了2座IV号H/J型坦克的炮塔，配备长身管75毫米坦克炮，具备较强的反坦克能力，但未能投入作战。

■ 除了在后方工厂制造新型装甲轨道车和利用缴获的苏军装甲机动炮车之外，德军前线部队也会使用现有的资源自行建造装甲轨道车。下图就是德军自造的"齐柏林"型装甲轨道车，安装一座苏军BA-10装甲车的炮塔，配备45毫米坦克炮。

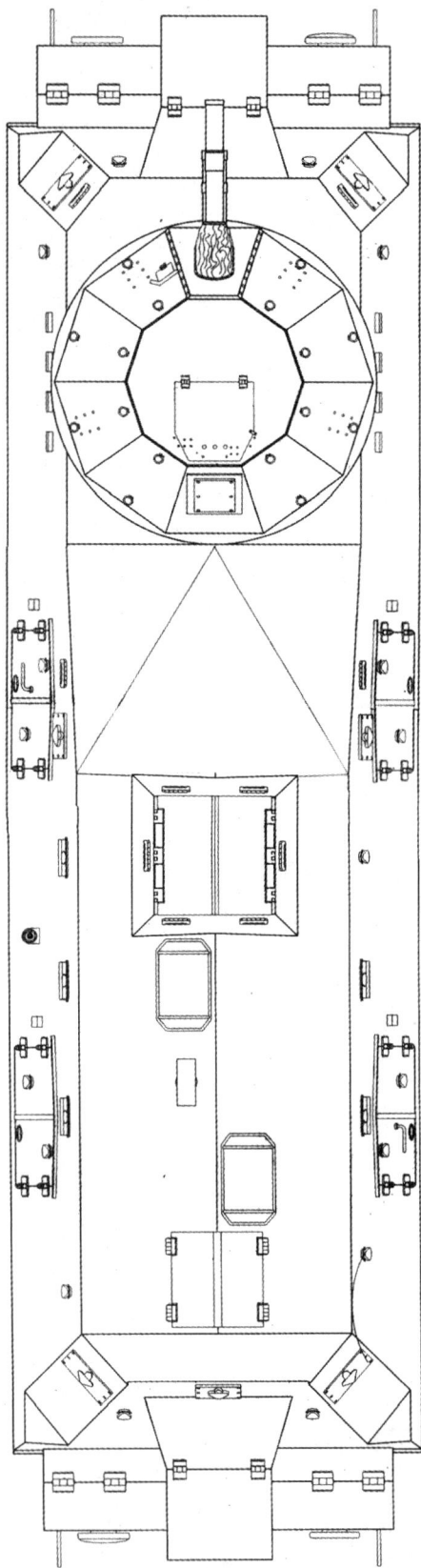

■ BP-42型装甲列车火炮车厢俯视线图（上）及侧视线图（下）。车厢上配备一座旋转炮塔，安装1门76.2毫米火炮。

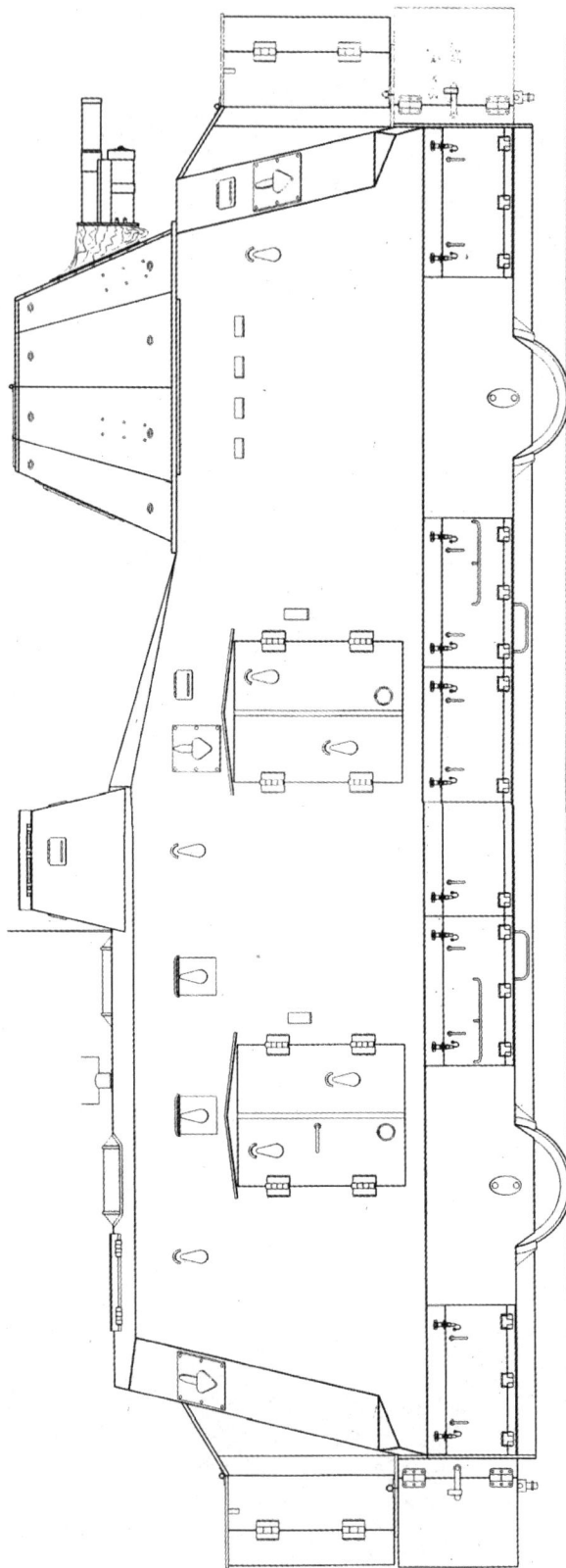

■ BP-42型装甲列车火炮车厢的旋转炮塔线图。

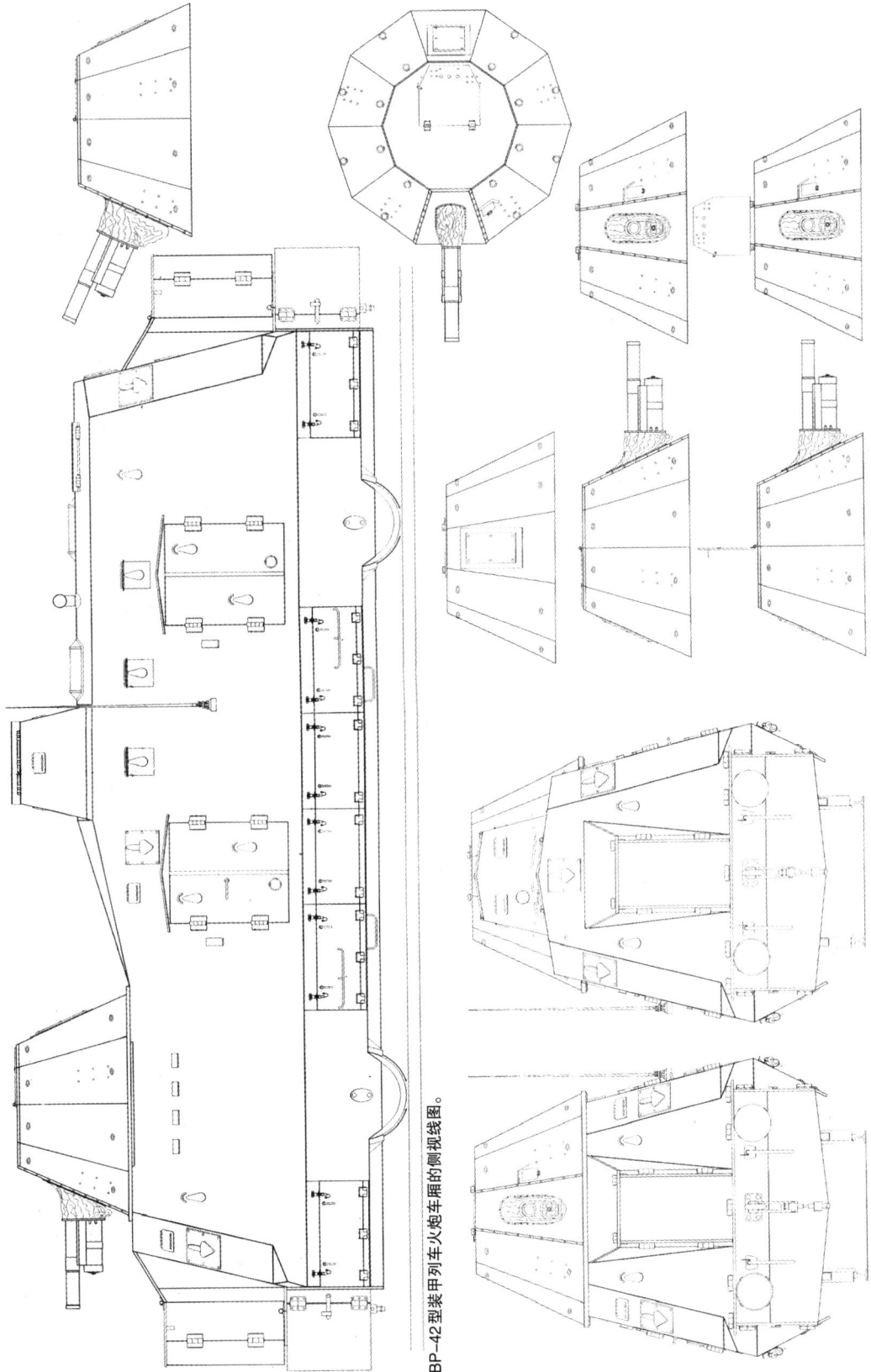

■ BP-42型装甲列车火炮车厢的侧视线图。

■ BP-42型装甲列车火炮车厢前视线图（左）和后视线图（右）。

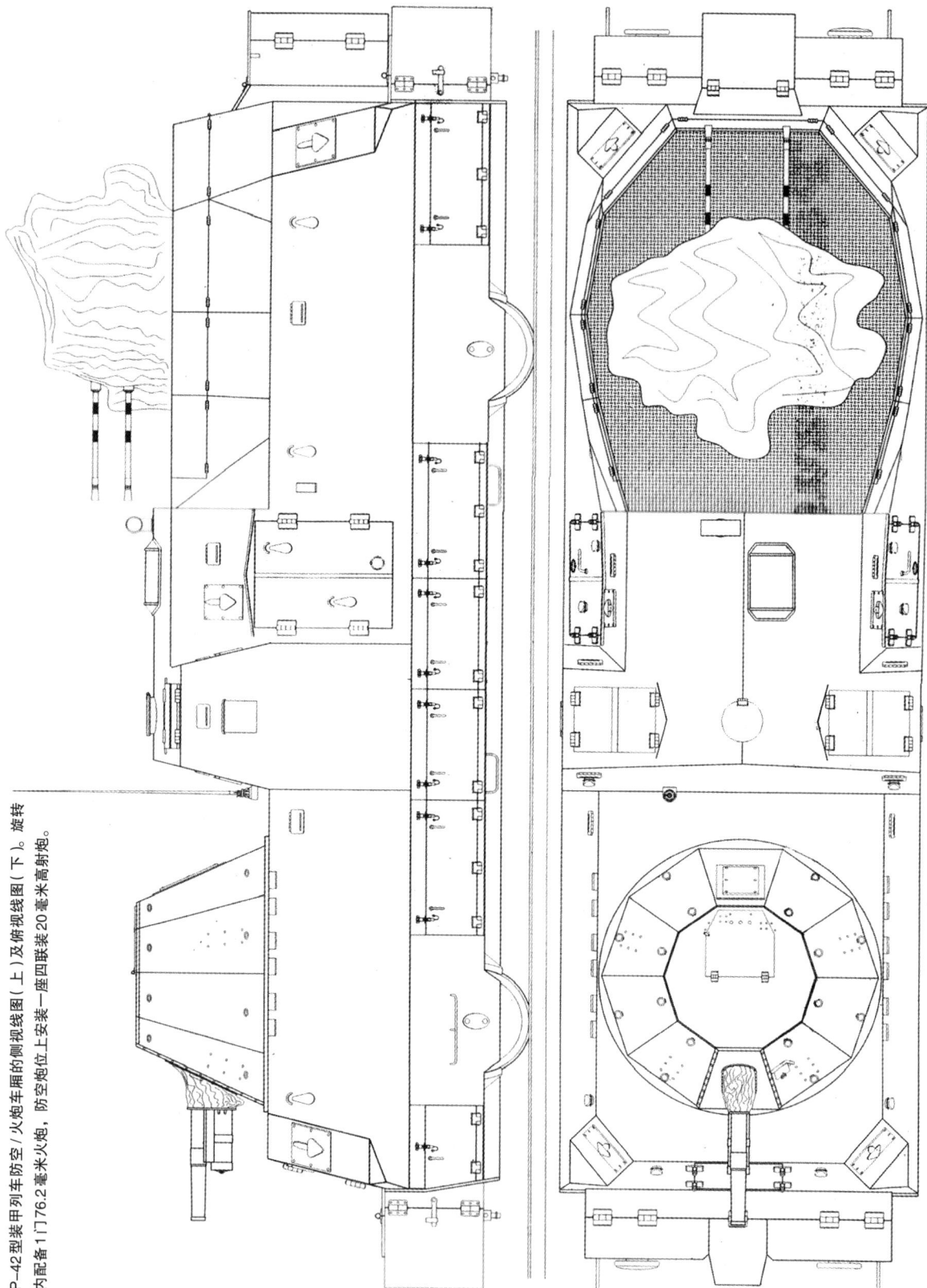

■ BP-42型装甲列车防空/火炮车厢的侧视线图（上）及俯视线图（下）。旋转炮塔内配备1门76.2毫米火炮，防空炮位上安装一座四联装20毫米高射炮。

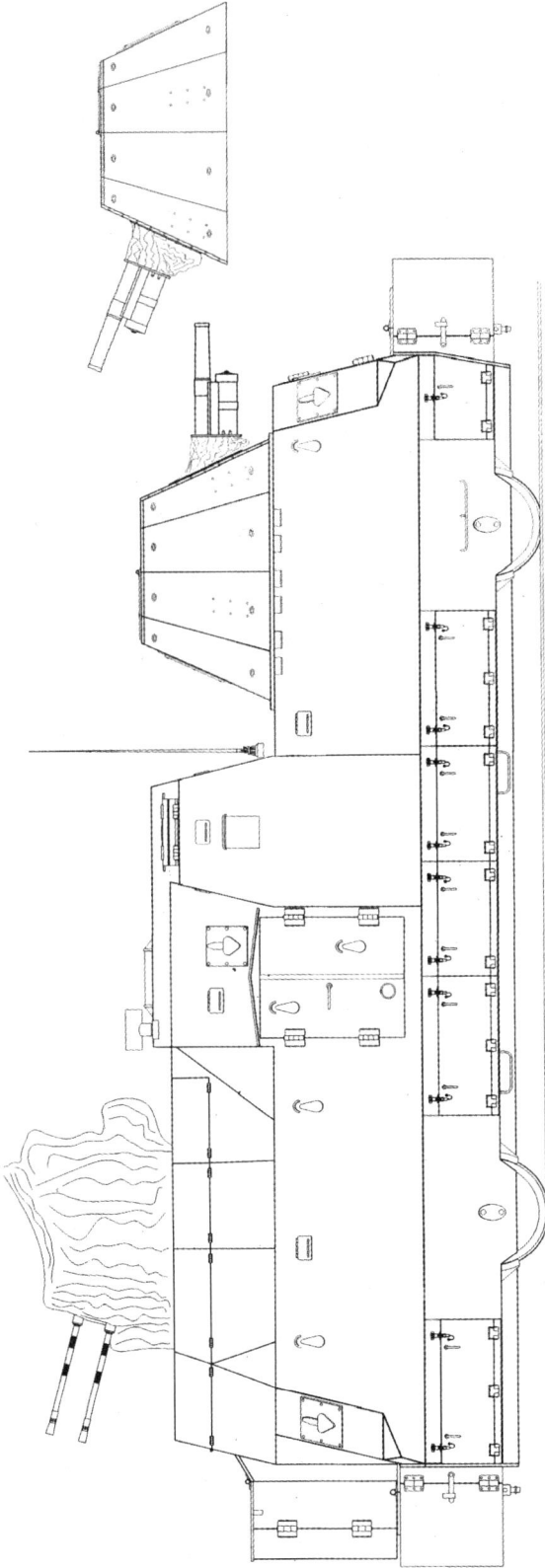

■ BP-42型装甲列车防空／火炮车厢的侧视线图。

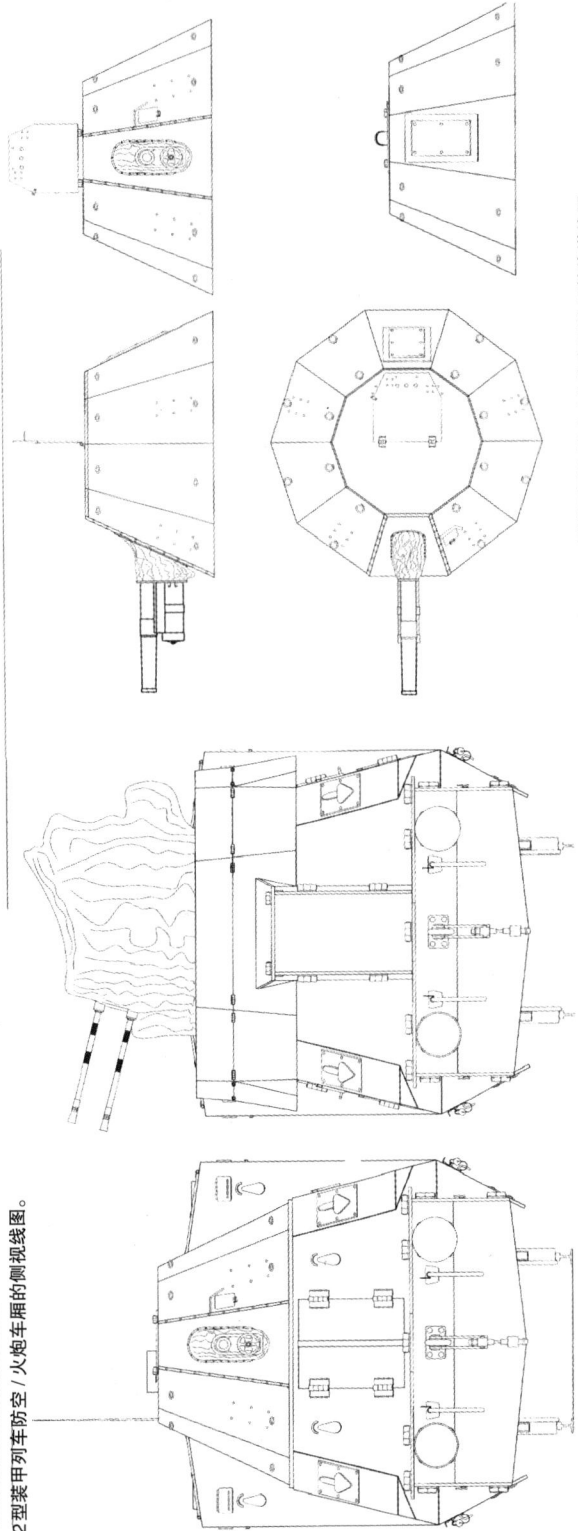

■ BP-42型装甲列车防空／火炮车厢的旋转炮塔线图。

■ BP-42型装甲列车防空／火炮车厢的前视线图（左）和后视线图（右）。

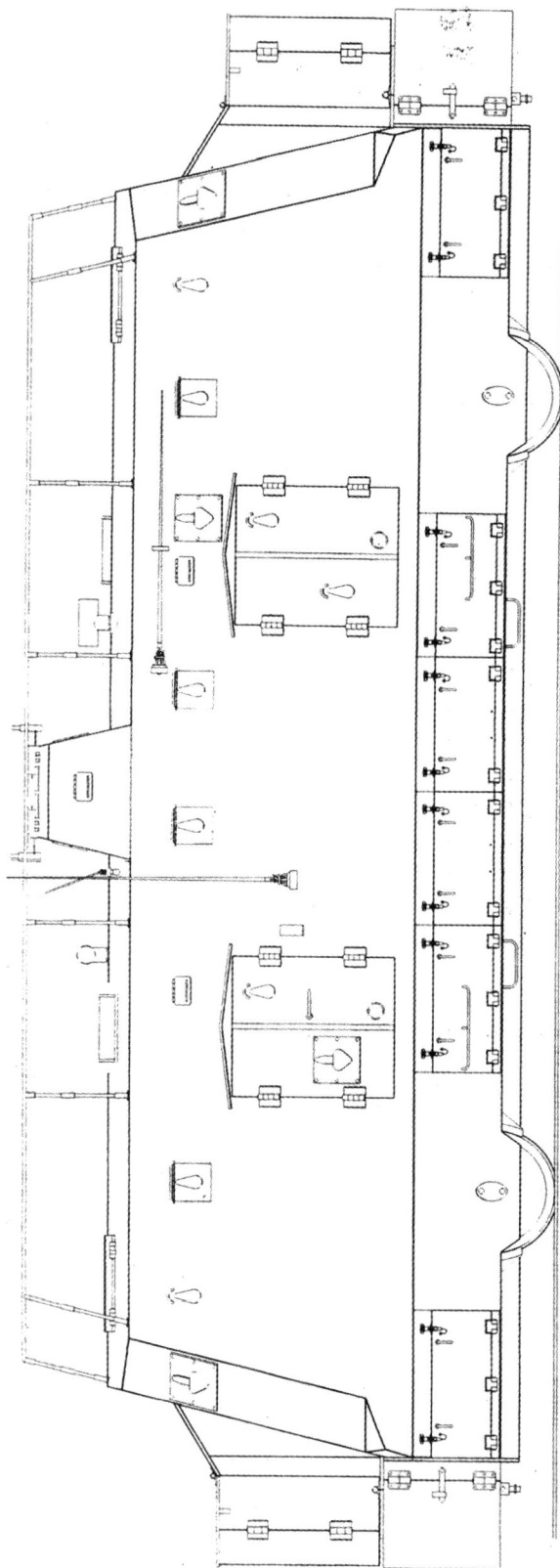

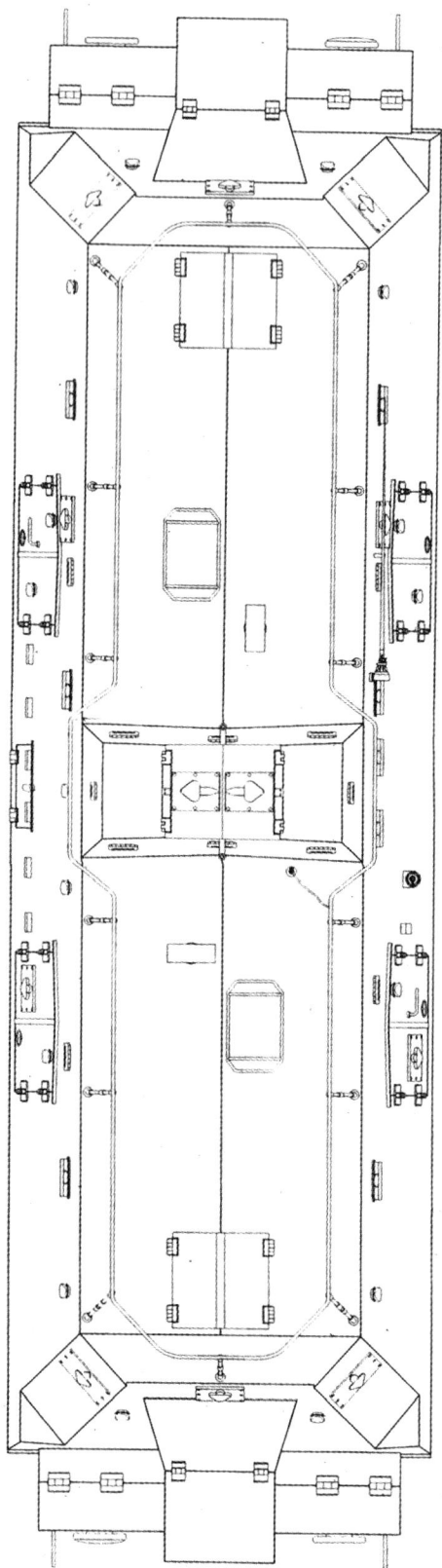

■ BP-42型装甲列车指挥车厢的侧视线图（上）和俯视线图（下）。

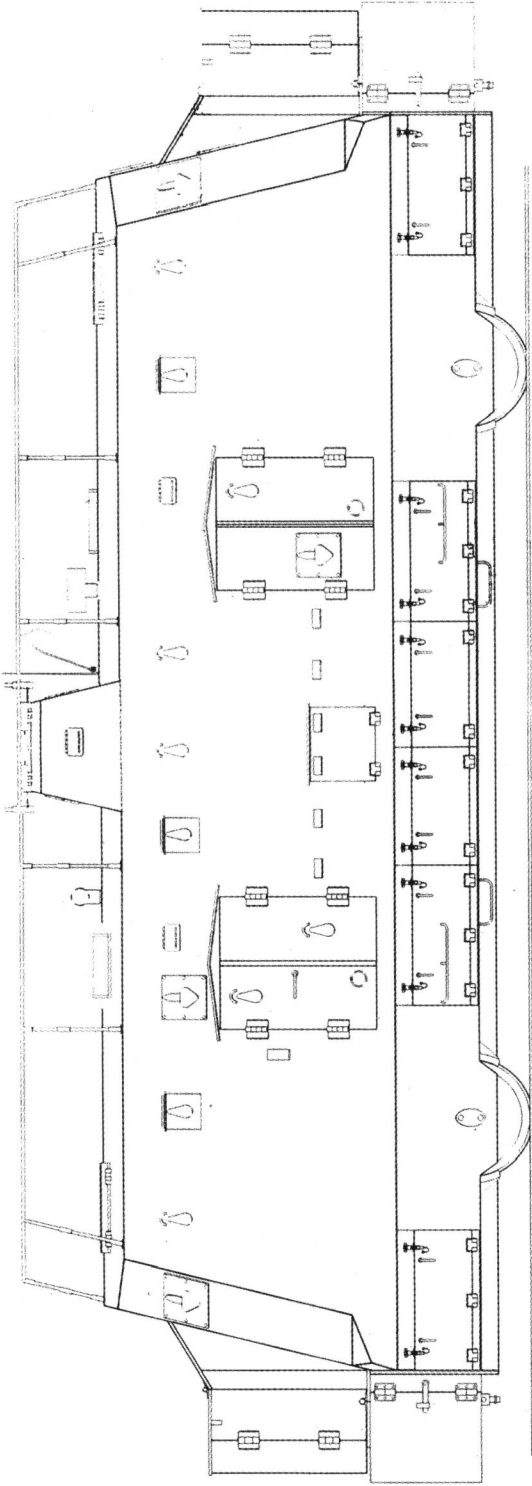

■ BP-42型装甲列车指挥车厢的侧视线图。

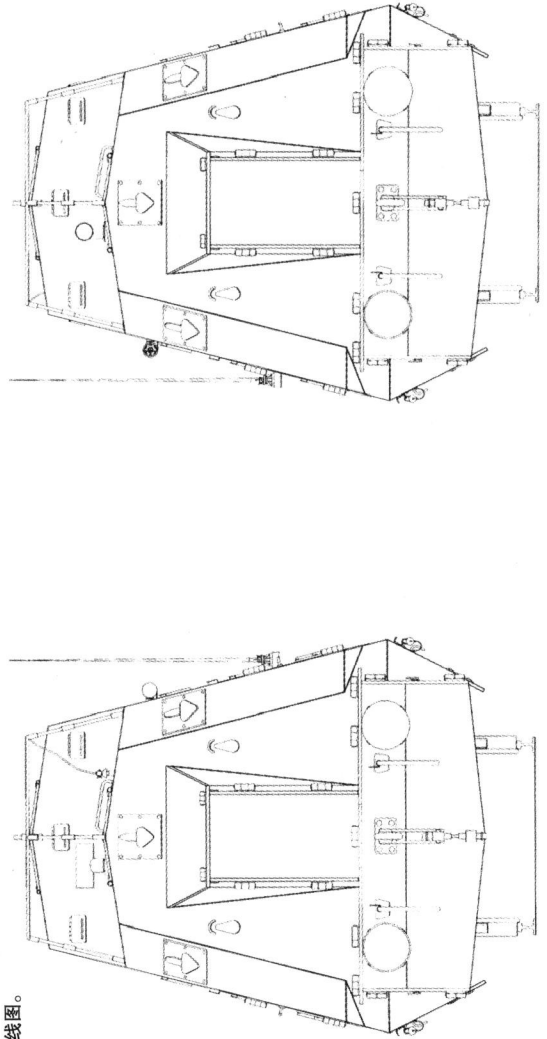

■ BP-42型装甲列车指挥车厢的前视线图（左）和后视线图（右）。

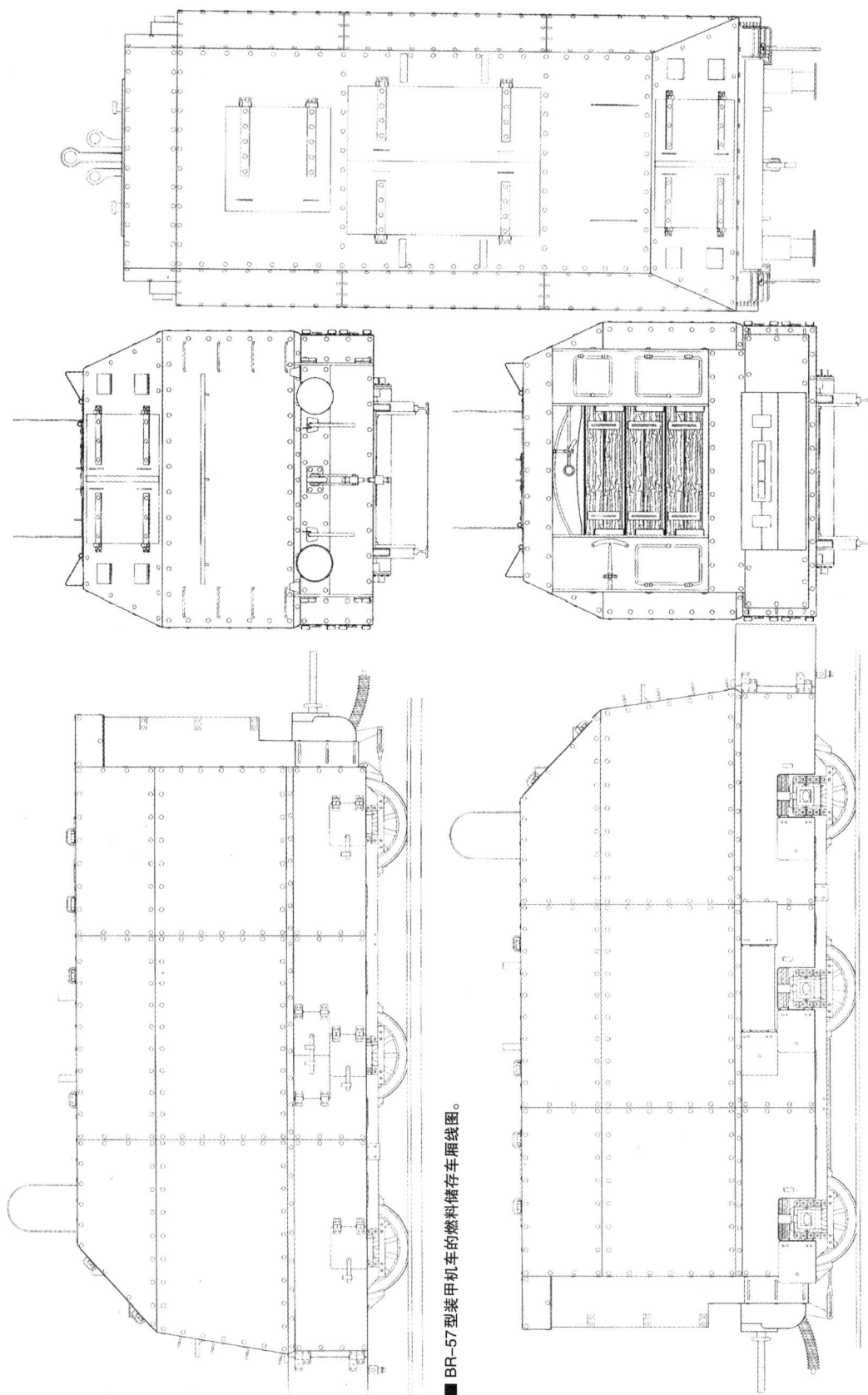

■ BR-57型装甲机车的燃料储存车厢线图。

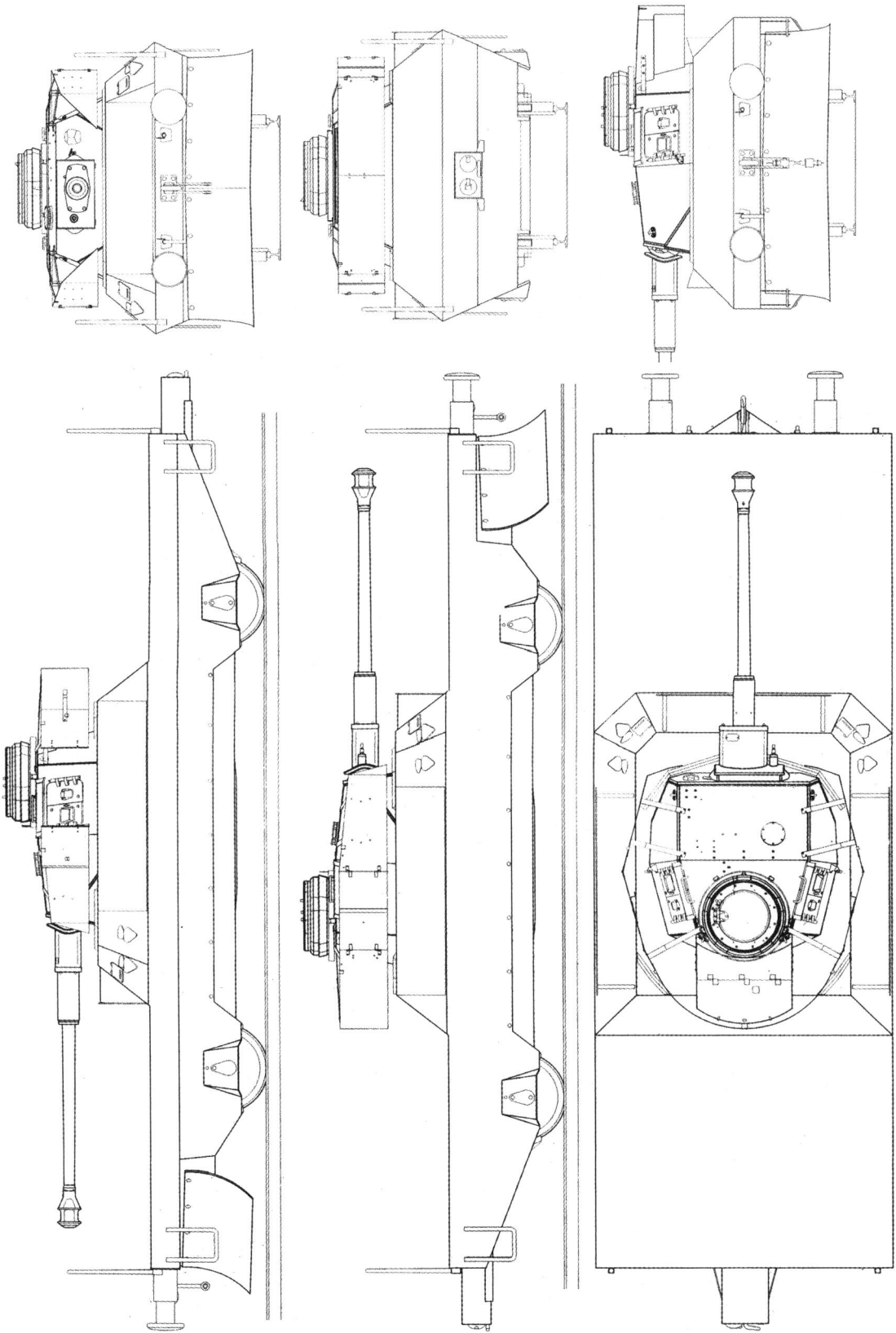

■ BP—44型装甲列车的装甲矛击齿车厢线图。安装一座IV号H/J型坦克的炮塔。

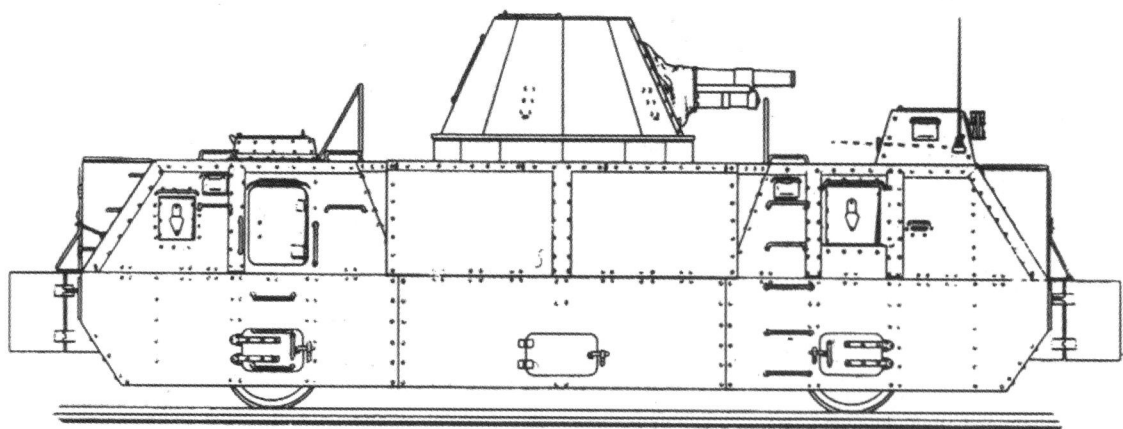

■ 第 28 号装甲列车在战争后期采用的火炮车厢的侧视线图。安装了一座 BP-42 型装甲列车的旋转炮塔。

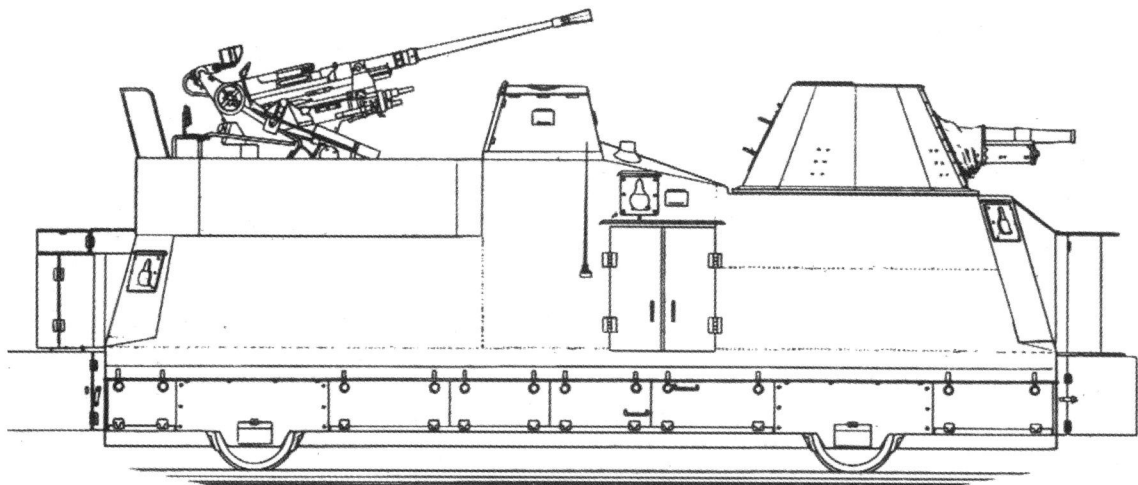

■ 第 32 号装甲列车的火炮车厢侧视线图。装有一座 BP-42 型装甲列车的旋转炮塔，配备 76.2 毫米火炮，采用 1 门 37 毫米高射炮作为防空武器。

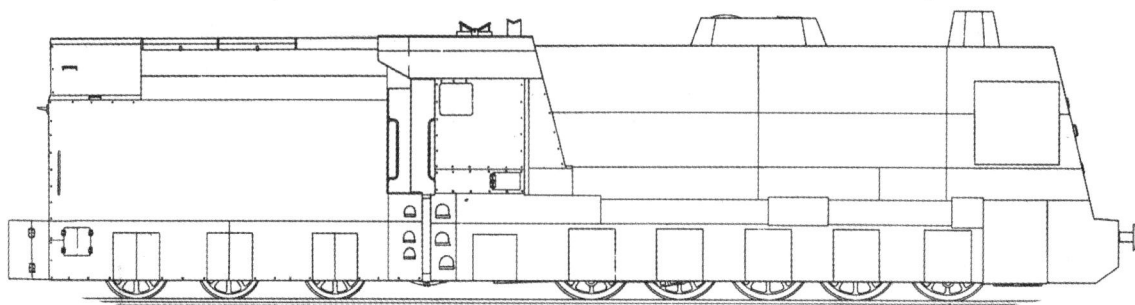

■ 第 31 号装甲列车配备的古斯塔夫 5A33 型装甲机车侧视线图。

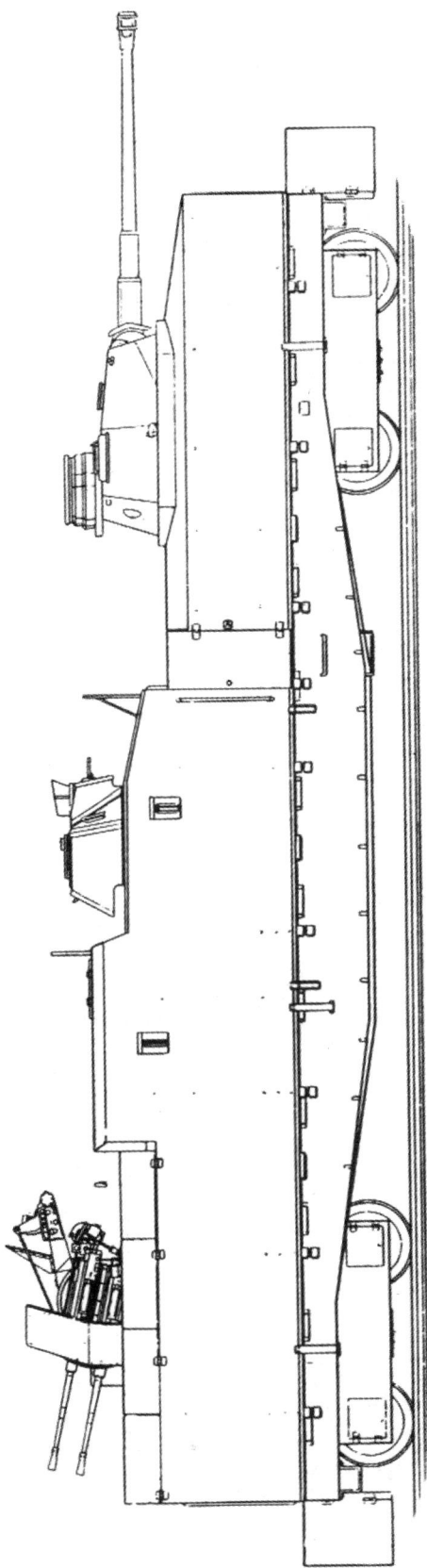

■ 战争后期第6号装甲列车配备的火炮车厢侧视线图。装有一座Ⅳ号坦克炮塔，配备长身管75毫米坦克炮，此外还有一座小型机枪塔，防空武器为一座四联装20毫米高射炮。

■ 轻型装甲巡逻列车的标准编组图。由8辆轻型铁路侦察车组成。

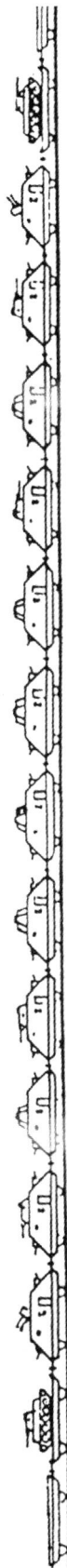

■ 重型装甲巡逻列车的标准编组图。由12辆配备不同设备和武器的重型铁路侦察车组成，可以加挂坦克搭载车厢和清障车厢。

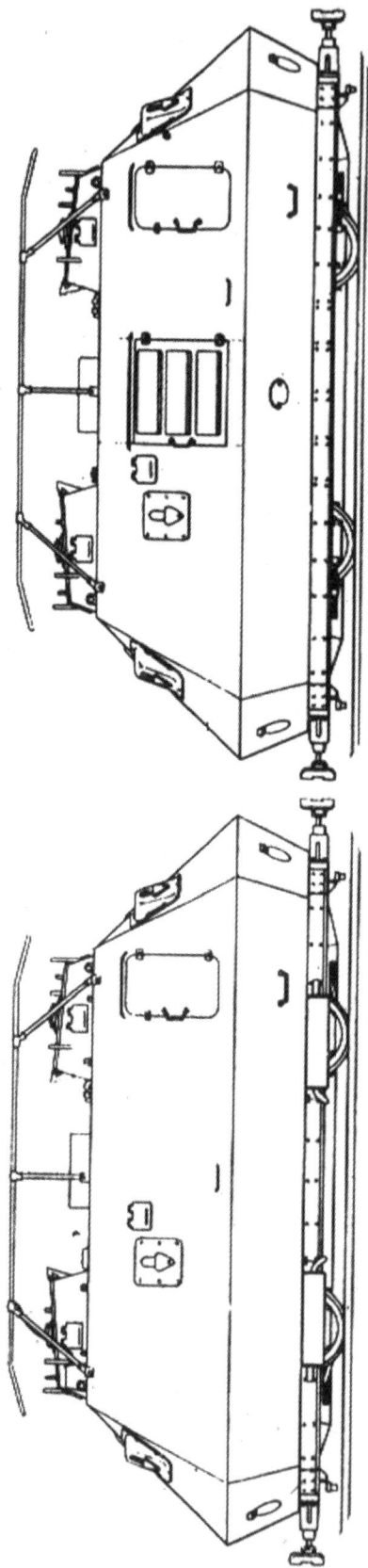

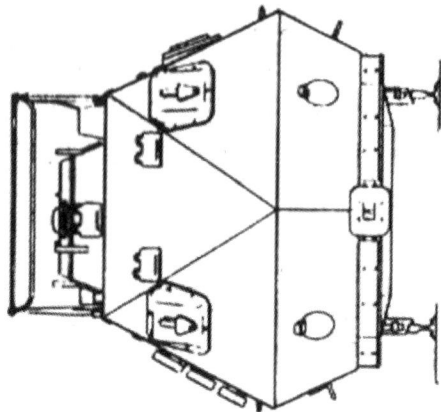

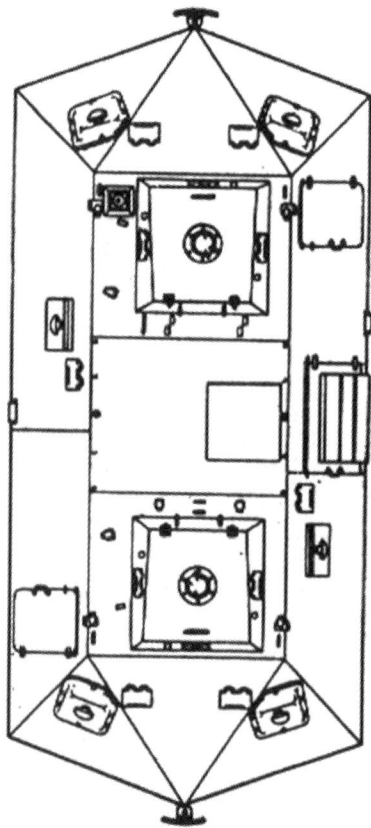

■ 德军轻型铁路侦察车的四视线图。采用倾斜装甲设计,具有良好的避弹外形。该车的标准武器配置是 4 挺 MG 34 型机枪,但在车体前后及侧面设有 6 处机枪射孔。

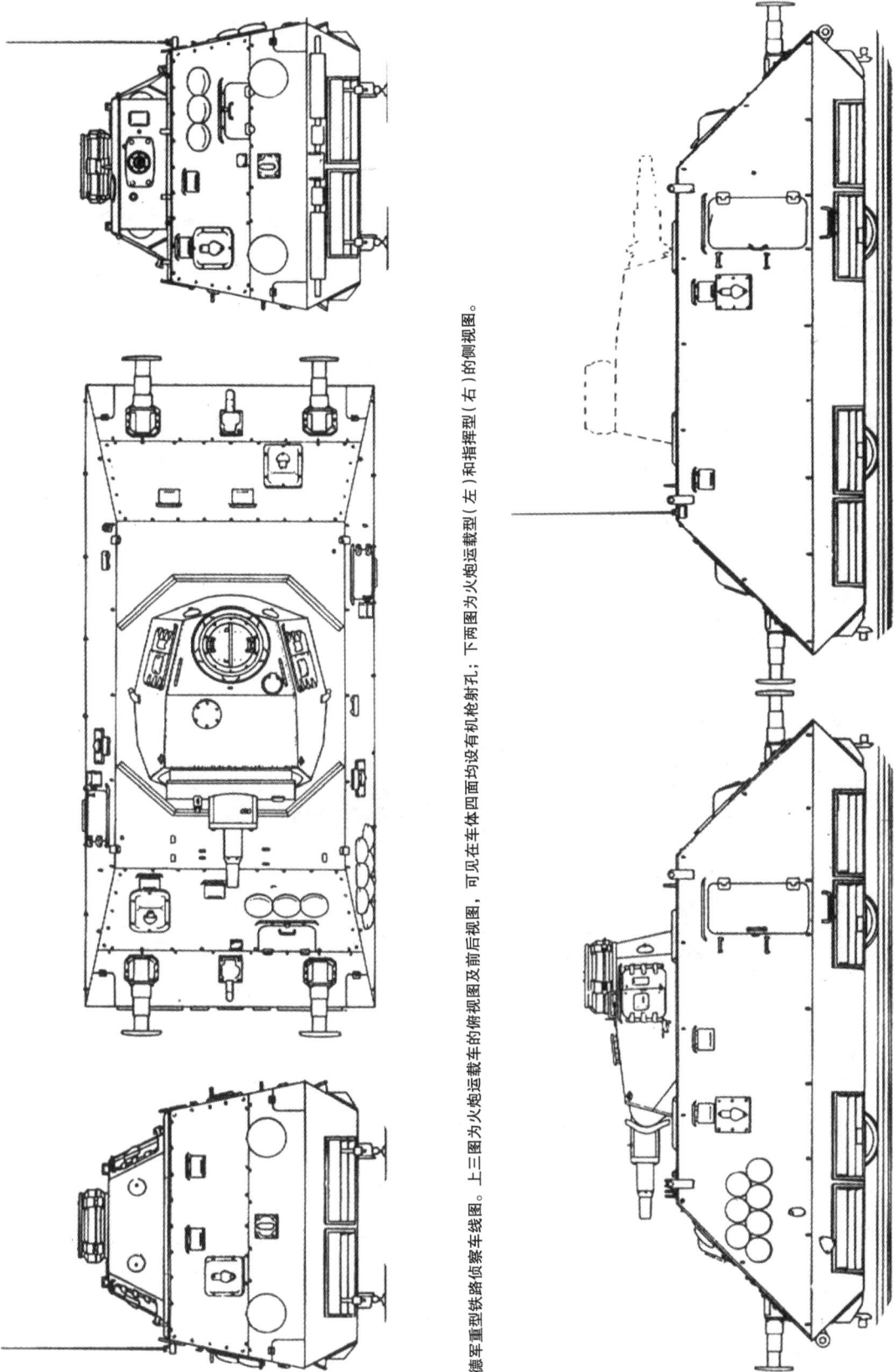

■ 德军重型铁路侦察车线图。上三图为火炮运载车的俯视图及前后视图，可见在车体四面均设有机枪射孔；下两图为火炮运载型（左）和指挥型（右）的侧视图。

■ 上图及下图是从不同角度拍摄的德军第62号装甲列车。该车属于 BP-42 型装甲列车，从照片中可以清楚地观察到防空／火炮车厢的武器配置，在车厢一端低处的多面体炮塔内装有1门苏制76.2毫米 FK 295/1(r) 型野战炮，而在车厢另一端高处的防空炮位上安装一座四联装20毫米高射炮。在2节火炮车厢之间是指挥车厢，顶部装有指挥塔和框架形通信天线。

■ 下图是1列番号不明的 BP-42 型装甲列车在冰封雪盖的俄罗斯平原上略作休息。注意近处火炮车厢上的炮塔指向一侧，处于警戒状态，其后方的高射炮同样保持戒备状态。

■ 上图及下图是1列停在车站内的 BP–42型装甲列车，番号不明。上图显示出 BP–42型装甲列车的编组情况，由左至右依次是指挥车厢、火炮车厢和装甲机车，远端还能看到对称布局的其他车厢。在照片最左侧可以看到防空 / 火炮车厢的一部分，可以观察到四联装20毫米高射炮，从下图中可以近距离地观察防空 / 火炮车厢的武器配置，除了安装在旋转炮塔内的76.2毫米火炮和防空炮位上的四联装20毫米高射炮外，在旋转炮塔下方还有一挺机枪。

■ 一名德军 BP-42 型装甲列车的炮组成员站在火炮车厢炮塔下方的舱门处，他身后可以看到 76.2 毫米火炮的炮管。BP-42 型装甲列车主要装备的火炮型号为 76.2 毫米 295/I（r）型野战炮，该炮为缴获的苏制 M02/30 型野战炮，初速 635 米／秒，最大射程 12 公里。

■ 左图是某德军装甲列车炮塔内装备的斯柯达100毫米 M14/19型榴弹炮，该型火炮是德军从波兰军队或捷克军队中缴获的战利品，其初速为395米／秒，最大射程为9.8公里。

■ 下图是 BP-44型装甲列车炮塔内装备的德制105毫米 M18型轻型榴弹炮，其初速为540米／秒，最大射程为12.3公里，性能较缴获火炮更为优良，但产量不足，实际装备装甲列车的该型火炮数量并不多。

■ 上图是 BP–44 型装甲列车的坦克歼击车厢搭载的 IV 号坦克炮塔，安装 1 门 75 毫米 L/48 型坦克炮，初速为 790 米／秒，其威力足以击穿苏军 T–34/85 的正面装甲，甚至可以击穿 JS 重型坦克的侧面装甲，有效提升了装甲列车的反坦克能力。

■ 从苏德战争初期的德军宽轨装甲列车到后来的 BP–42 型、BP–44 型，坦克搭载车厢一直是德军装甲列车的标准配置，自战争中期开始搭载坦克的平板车厢都加装了外倾的侧面护板，克服了早期车厢行走装置暴露在外的弊端，提高了防御能力。为了便于坦克下车作战，德军还特别设计了坡道式跳板。在坦克下车前，首先要将挂载在列车终端的清障车厢解脱，然后安装跳板，让坦克驶出车厢。下面这幅照片清晰地显示出战争后期，坦克搭载车厢的护板结构和跳板，搭载的坦克型号是捷克制 38（t）型坦克。

■ 上图及下图展示了德军坦克搭载车厢内的捷克制38（t）型坦克通过坡道跳板卸载下车的过程。

■ 上图及下图是德军装甲列车上安装的四联装20毫米高射炮的特写照片。在战争期间德军装甲列车普遍采用这种高射速火炮作为防空武器，其实战射速可达800发/分，可以有效抵御低空飞机的突袭，对付地面目标也有非常好的压制效果。上图中的火炮采用标准的防盾，其侧面较为暴露，而下图中的火炮安装了大型化防盾，防御面积明显扩大，增强了对火炮及炮组成员的保护。四联装20毫米高射炮通常配置在装甲列车的火炮车厢或防空车厢上，有时直接装载在平板车厢上。

■ 上图是1列 BP-42型装甲列车的厨房内炊事兵正在烹饪食物，通过敞开的舱门可以看到车厢内的炊具和仅露出下半身的炊事兵。下图是BP-42型装甲列车的装甲车厢被大口径炮弹击中，炮弹在侧壁上留下了一个弹孔，注意舱门上设有轻武器射击孔。

■ 上图是 BP-42 型装甲列车的标准编组形式，后来生产的 BP-44 型装甲列车与 BP-42 型装甲列车的最大区别是加挂了安装 IV 号 H/J 型坦克炮塔的装甲歼击车厢，另外火炮车厢换装了 105 毫米 F/H-18M 型榴弹炮。图中从左至右分别是：清障车厢、坦克搭载车厢［搭载一辆捷克制 38（t）坦克］、火炮 / 防空车厢、指挥车厢、火炮车厢、蒸汽机车，列车后部的车厢排序与前部呈对称布局。

■ BP-42 型装甲列车的车厢上都安装了快速解脱装置，可以迅速解脱。对页下图是车厢连接装置的细节。本页下图是 2 节车厢的连接状态，车厢连接处设有可以伸缩的通道，便于乘员移动，在连接后，通道及连接挂钩都处于装甲板的保护下。

■ BP-44 型装甲列车的防空 / 火炮车厢（上图）和火炮车厢（下图），均装备了德制 105 毫米榴弹炮，其炮口制退器是重要的识别特征。

■ 上图是1列标准配置的BP-44型装甲列车。在其坦克搭载车厢前部挂有装甲歼击车厢，火炮车厢的炮塔内也更换为德制105毫米榴弹炮。

■ BP-44型装甲列车相比BP-42型装甲列车，最大的改进就是加强了反坦克火力，配备了坦克歼击车厢。上图是BP-44型装甲列车拖挂的初期型坦克歼击车厢，坦克炮塔基座四周的装甲是垂直的，其后方可以看到坦克搭载车厢和火炮车厢。下图是刚刚完成的后期型坦克歼击车厢，炮塔基座采用焊接的斜面装甲结构，具有更好的防弹能力。坦克歼击车厢都安装了Ⅳ号H/J型坦克的炮塔，配备的75毫米L/48型坦克炮威力强劲，足以击穿大多数盟军和苏军坦克的正面装甲。

■ 上图是1943年制造的轻型铁路侦察车的原型车。该车采用了球形机枪塔，在车体正面呈品字形安装了三盏车灯，注意在车体侧面前后各有一个舱门，侧面中央为引擎散热窗，在车体顶部有2座观察塔。

■ 下图是轻型铁路侦察车的量产型号。该型相比原型车有几处变化，首先取消了球形机枪塔，改为可以闭合的射击孔，机枪的布局也发生改变，在车体正面两侧各配置一挺机枪，外露的车灯被取消，在车顶加装了框架天线。

■ 上图是1列崭新的轻型装甲巡逻列车。从图片中判断这列列车至少包括5辆轻型铁路侦察车，每辆车上仅配备4挺MG 34型机枪，车组成员为5人，此外还可以搭载少量步兵随车作战。由于火力贫弱，轻型铁路侦察车仅适于执行后方治安任务。

■ 下图是轻型铁路侦察车的车体正面特写照片。注意车体正面的2挺MG 34型机枪，车体顶部装有指挥塔和框架形通信天线。

■ 上图是战争末期被德军遗弃在战场上的3辆轻型铁路侦察车。这3辆车车体上都涂绘着迷彩图案，可能摄于巴尔干地区。

■ 下图是一辆毁坏的德军重型铁路侦察车。该车为火炮运载车，其车体后部的装甲板已经缺失，可能是被德军遗弃时遭到了破坏。

■ 上图是1945年初，美军第3步兵师在德国南部缴获的4辆德军重型铁路侦察车。其中3辆是火炮运载车，最右侧的那辆车顶部被帆布覆盖，并用树枝进行了伪装，无法辨认型号，可能是一辆火炮运载车或指挥车。

■ 下图是被德军遗弃的重型铁路侦察车，摄于1945年初德国南部。图中清晰显示了车辆的底盘细节，可见行走装置得到了非常好的防护。

■ 上图及下图均是战争末期被盟军缴获的德军重型铁路侦察车，基本上都是火炮运载车。德军计划在1944年上半年制造10列重型装甲巡逻列车，但由于生产拖延，最初完成的2列装甲巡逻列车迟至1944年11月才交付部队。

■ 上图及下图均是德军重型铁路侦察车在战场上的留影，拍摄时间和地点不明。从上图看重型铁路侦察车似乎和其他车厢混编，下图则是2辆火炮运载车和1辆侦察车编组在一起。到战争结束前，德军总共接收了6列重型铁路巡逻列车。

■ 上图是战争后期2辆正在休整的德军轻型铁路侦察车,可能摄于巴尔干地区,它们应该属于某列轻型装甲巡逻列车。两名车组成员站立在车顶或车旁,还有一名车组成员从观察塔中探出头。

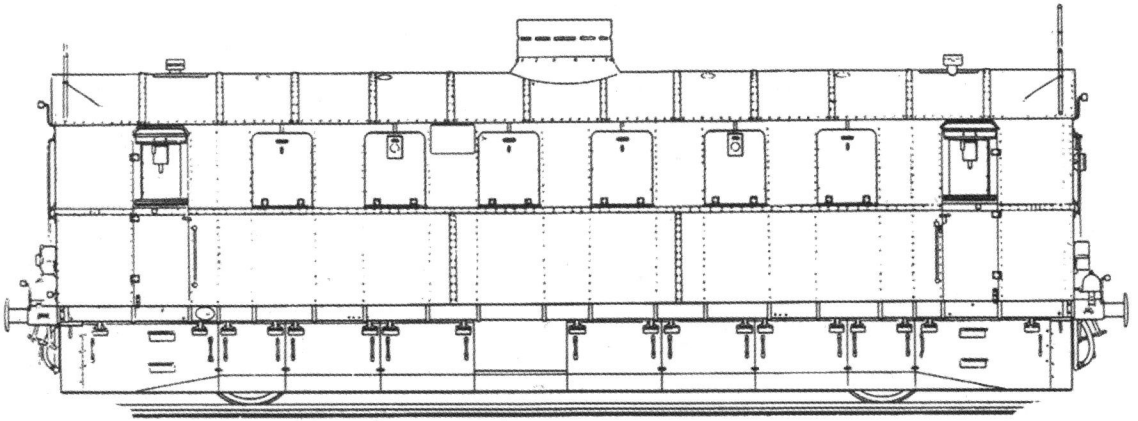

■ 第15号装甲轨道车的侧视线图。

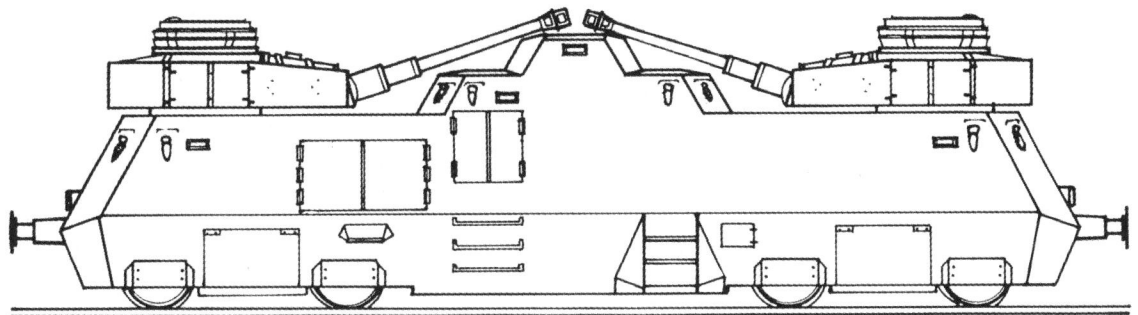

■由斯太尔工厂生产的装甲歼击轨道车侧视线图。该车装备2座 IV 号 H/J 型坦克的炮塔，具备较强的反坦克能力。

■1节利用缴获的苏军 T-34 坦克改装的坦克歼击车厢。此时它与第16号装甲轨道车连接在一起，图中可见轨道车的旋转炮塔。

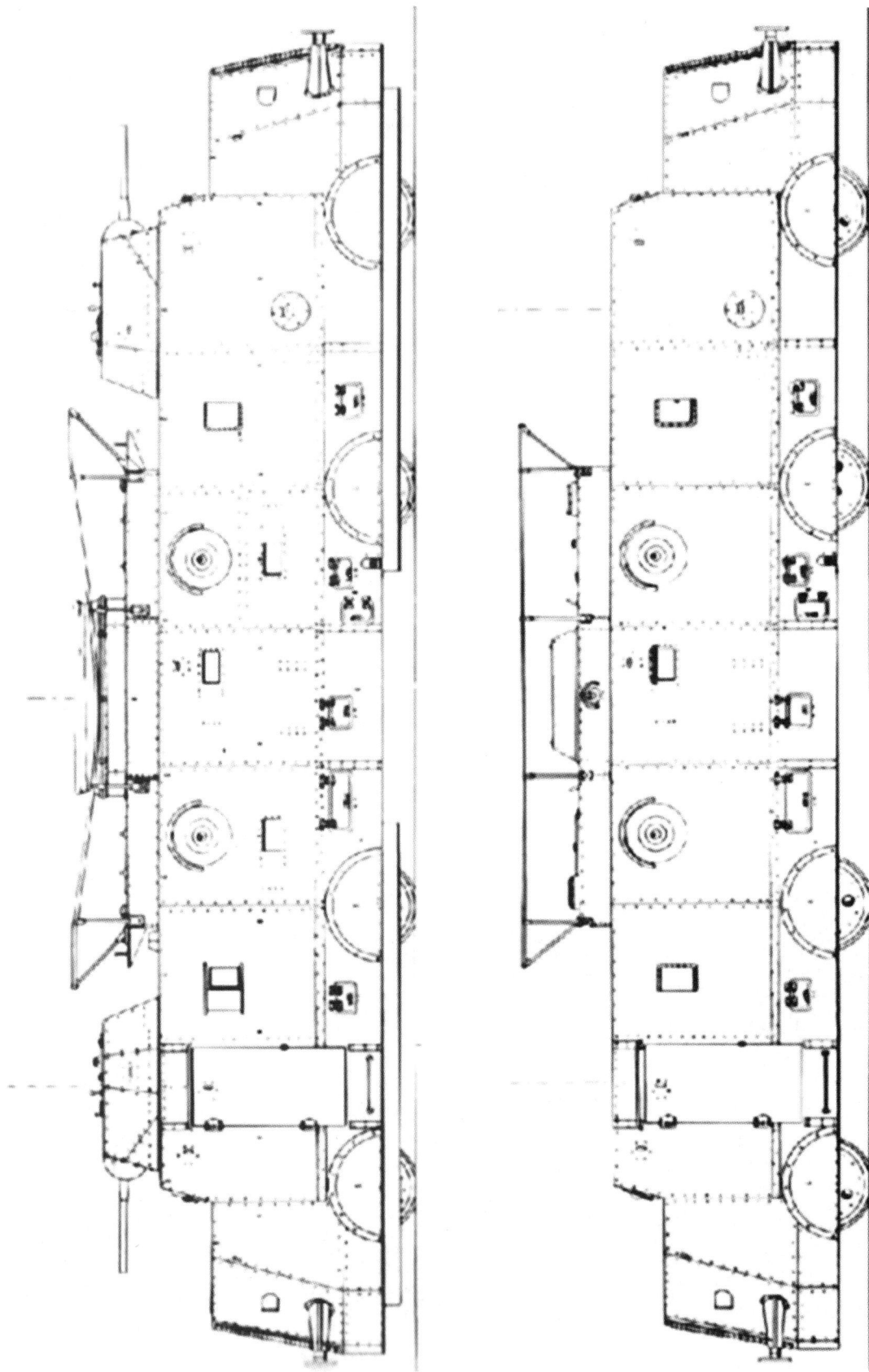

■ 意大利安萨尔多－福萨蒂公司为德军生产了ALn-56型装甲轨道车侧视线图。上图为安装了坦克炮塔和防空塔的车型，下图为指挥车型。

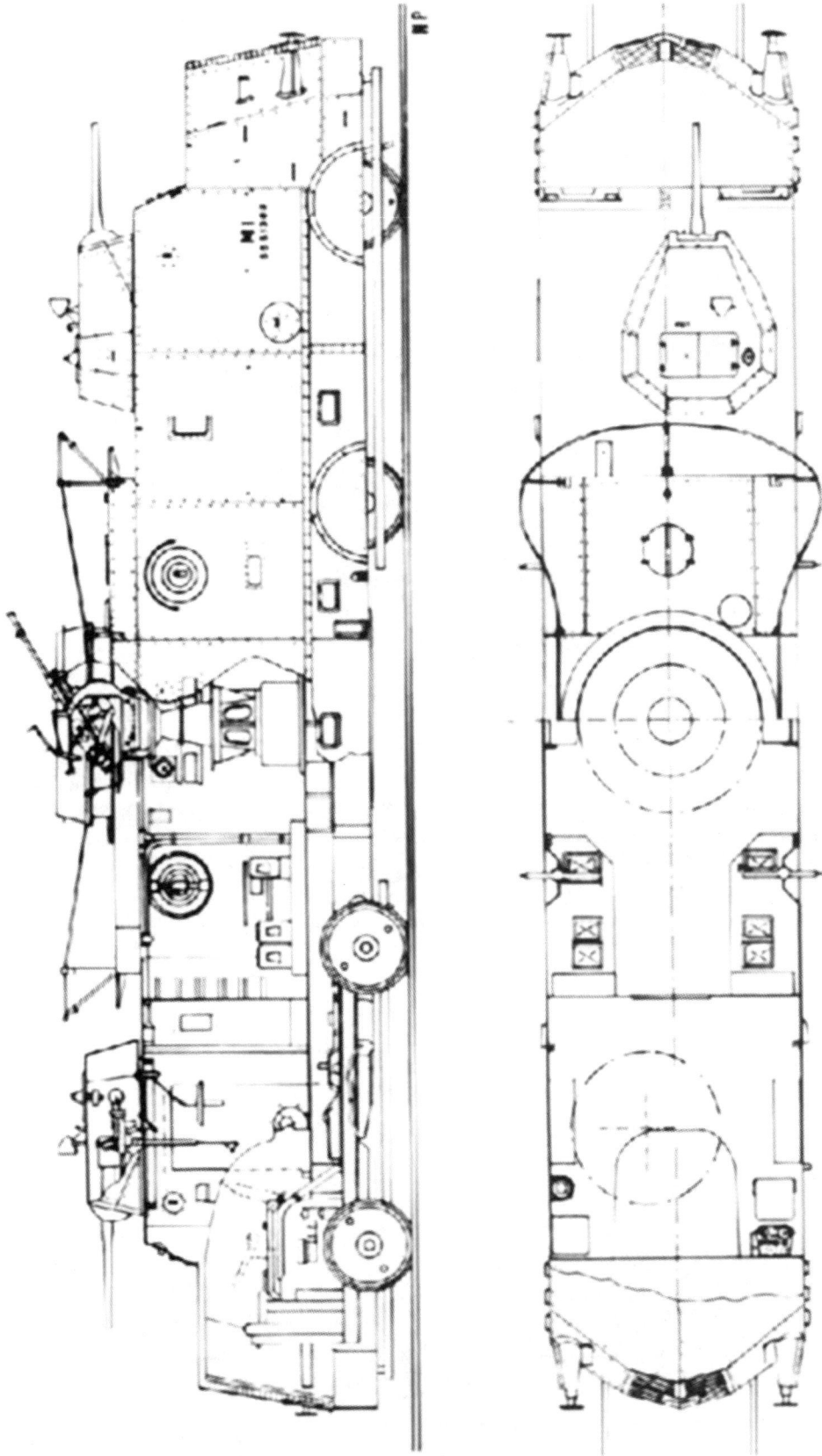

■ 意大利安萨尔多公司的ALn-56型装甲轨道车的侧视及俯视线图。其中上图展示了车体中部20毫米高射炮的安装方式和炮座结构。

■ 上图是德军第15号装甲轨道车。该车原为德国铁路部门的铁路护卫轨道车，二战爆发后被德军接收，并且一直服役到战争结束。这幅照片很清楚地显示了该车的战时状态，它显然是由1节客运车厢改装而成，大多数车窗都用钢板封闭，车体上涂绘着迷彩条纹。

■ 下图是1944年1月交付部队的第16号铁路轨道车。该车由SP42型装甲列车的柴油机机车改装而成，车体内配备了120匹马力柴油发动机，可以自主行驶，车体前后安装了BP-42型装甲列车的标准炮塔，炮塔内配备了苏制76.2毫米野战炮。

■ 上图是德军第15号装甲轨道车在战争时期的战地留影。该车在1943年8月到1944年2月间与6辆潘哈德铁路装甲车组成一个独立单位，在希腊执行占领任务。

■ 左图是德军第16号装甲轨道车的战时照片。德军原计划将该车用作SP42型装甲列车的牵引车。第16号装甲轨道车装有550匹马力发动机，车身侧面装甲厚度达到100毫米，是德军最重型的铁路战斗车辆。

■ 在1944年意大利安萨尔多公司为德军制造了9辆 ALn-56型装甲轨道车，列装后命名为第30～38号装甲轨道车，采用四轴底盘双发动机构造。本页上图和对页上图均为刚刚完工的 ALn-56型装甲轨道车，下图为该车安装的 M13/14型坦克炮塔特写，配备47毫米坦克炮。

■ 下图是编入德军第62号装甲列车的一辆 ALn-56 型装甲轨道车。编号不详。在车体顶部2座炮塔之间的突出构造是防空塔，内部安装了1门可以升降的布雷达20毫米高射炮，注意炮塔顶部安装的探照灯。

■ 上图是 ALn-56 型装甲轨道车车厢内部的特写照片。车厢天花板上的圆形开口就是坦克炮塔的安装位置。

■ 下图是 ALn-56 型装甲轨道中部防空塔的内部照片。用于安装20毫米高射炮的炮座采用升降式结构，可以下降到车体内。

■ 下图是1944年2月，1列德军装甲列车在克罗地亚卡尔洛瓦茨地区遭遇游击队袭击的现场照片。该车由2辆 ALn–56 型装甲轨道车和1辆 AB 41 轻型铁路装甲机车编成。处于列车后部的 ALn–56 型装甲轨道车由于轨道被破坏而颠覆，车组人员正在对其施救，另一辆 ALn–56 型装甲轨道车及其乘员正在现场进行警戒。

■ 下图是德军高级指挥官搭乘 ALn–56 型装甲轨道车视察前线，摄于 1944 年巴尔干地区。

■ 在1943年底到1944年初，德军先后将7辆缴获的苏军机动装甲炮车重新投入使用，命名为第17～23号装甲轨道车。上图是其中一辆装甲轨道车的侧面照片，前后炮塔内装有苏制107毫米榴弹炮。下图是德军车组成员为一辆苏制装甲轨道车进行伪装。

■ 上图及下图是1945年5月德国投降后，美军在斯太尔工厂内缴获的装甲歼击轨道车。该车装有2座Ⅳ号H型坦克的炮塔。装甲歼击轨道车的设计初衷是加强装甲列车的反坦克能力，但由于生产资源匮乏，该车型迟迟不能投产，到战争结束前夕虽有少量完工，但德军败局已定，这种车辆未能投入作战。

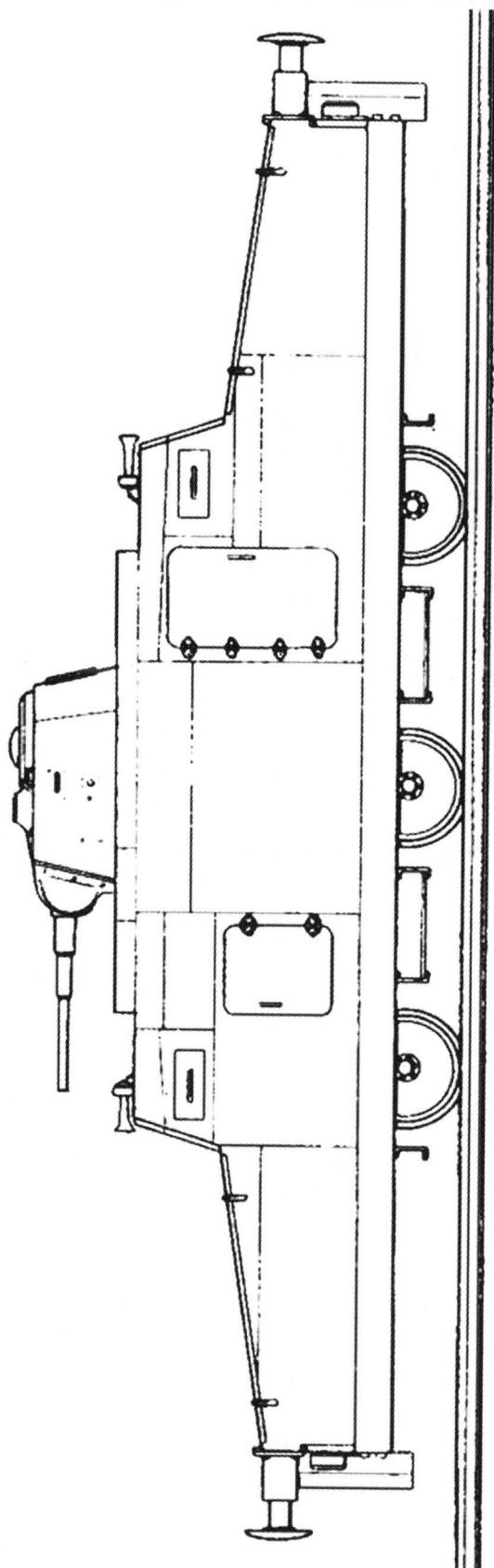

■ 德军"齐柏林"型装甲轨道车的侧视及俯视线图。该车使用了苏军 BA-10 型装甲车的炮塔，车体下安装了三对车轮。

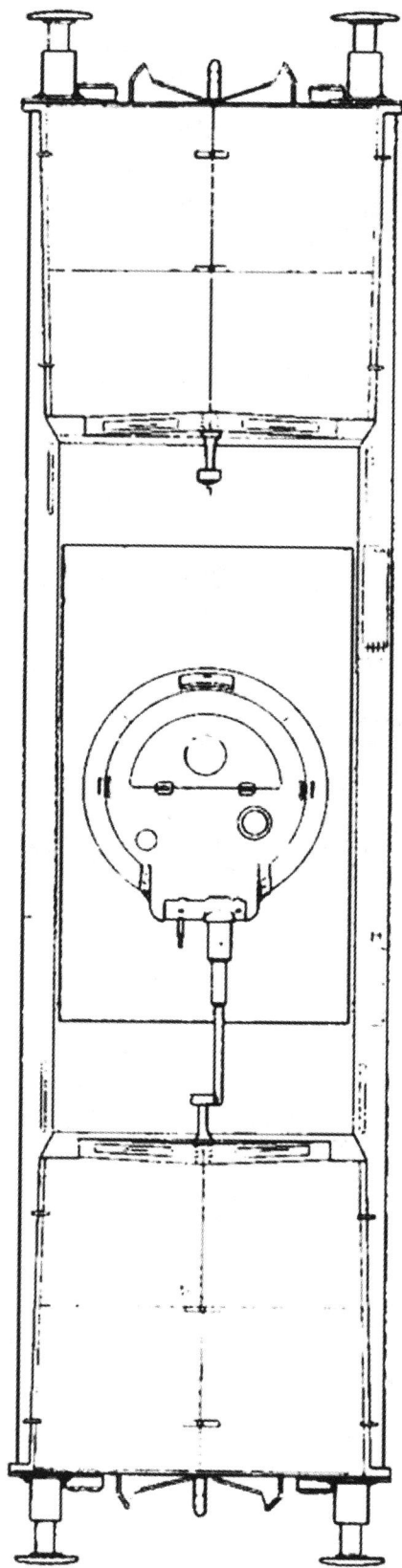

■ 德军"齐柏林"型装甲轨道车的正面线图。

■ 上图是德军"齐柏林"型装甲轨道车的模型。这幅照片为该型装甲轨道车的存档照片。

■ 下图是一辆编号不明的"齐柏林"号装甲轨道车。注意该车车体上涂绘的迷彩图案。

■ 上图及下图是在同一地点拍摄的德军 WH E.P.1 号装甲轨道车。注意其装甲炮塔的细节和车体舱门的布局。从其车身铭牌推断,该车可能是"齐柏林"型装甲轨道车的 1 号车。

■ 上图是一辆德军"齐柏林"型装甲轨道车的正面照片。通过打开的舱口可以看到两位车组成员脸。

■ 右图是几名德军士兵坐在一辆"齐柏林"型装甲轨道车上合影。车体侧面的铭牌表明该车为 WH E.P.7号，说明至少还有6辆同型车建成服役。

■ 下图是一辆"齐柏林"型装甲轨道车由半履带重型拖车牵引进行公路机动。

■ 上两图是德军 WH E.P.7 号装甲轨道车的车组成员在车前留影。图中可以观察到车体前部的一些细节特征。

■ 下图是一辆正在铁路线上巡逻的"齐柏林"型装甲轨道车。车体正面和侧面的观察窗都已经打开，便于车组成员观察情况。

■ 上图是一辆在后方休整的"齐柏林"型装甲轨道车。值得注意的是，该车不仅使用了苏军 BA-10 型装甲车的炮塔，其舱门也与苏军 T-20 型火炮牵引车的舱门相同。直接使用缴获装备的零部件有利于节约资源，减少建造时间。

■ 左图是 WH E.P.1 号装甲轨道车在芬兰撒拉火车站停留时的留影。可以观察到炮塔和车体的侧面特征。

■ 上图及下图是 1943 年 1 月德国《信号》杂志刊登的两幅照片。照片表现了德军士兵从一辆"齐柏林"型装甲轨道车上跃下，依托铁路路基与游击队展开交火的场面。注意轨道车的炮塔已经指向游击队来袭的方向。

■ 德军在1940年击败法国后，将缴获的潘哈德38（f）型铁路装甲车收为己用，将其配属于己方装甲列车用于执行侦察任务。潘哈德铁路装甲车装有105匹马力发动机和25毫米机关炮，其行走装置可以在常规轮胎和铁路轨轮之间转换，保证其既能在公路上行驶，也能在铁路上行进。上图是公路行驶状态下的潘哈德装甲车，下图是正在进行车轮更换作业的潘哈德装甲车，换轮过程需要10～15分钟。

■ 右图是在铁路上停留的潘哈德铁路装甲车。在更换轨轮后,该型装甲车可以在铁路上行驶,它既能独立行动,也可以编入装甲列车。

■ 下图是从1节坦克搭载车厢的后方向列车前方拍摄的照片。图中可以看到位于列车最前方的潘哈德铁路装甲车,值得注意的是,装甲车的常规轮胎就放置于坦克搭载车厢上。

■ 左图是一辆德军的 AB 41 型铁路装甲车正在巴尔干地区的铁路线上巡逻的照片，该车是意大利制造的。

■ 下图是潘哈德铁路装甲车的正面特写。照片清晰地展示了该型装甲车的铁路行驶状态，可以观察到其铁路轨轮的特征，注意在车体两侧放有两只油桶，用于携带备用燃油，延长独立行动时的行程，在车顶部装有框架形通信天线，便于及时接受指示和通报情况。

WH.559 312

■ 右图是1943年编入第62号装甲列车的法制潘哈德铁路装甲车。该车可以脱离列车独立执行侦察、巡逻任务。

■ 下图是一群德军士兵在一辆法制潘哈德铁路装甲车上合影。该车此时安装的是在铁路上行进的轨轮，也能更换为常规车轮，用于在公路上行驶。

■ 在战争初期，德军装备了由 Sd.Kfz. 231 型装甲车改装的铁路装甲车，以配合装甲列车作战。上图是 1940 年 5 月在荷兰艾瑟尔大桥桥头被炮火击毁的 Sd.Kfz. 231 型铁路装甲车。炮塔指向三点钟方向，在被击毁时该车正以 20 毫米机关炮压制桥头碉堡内的荷兰守军。

■ 左图是一群德军士兵在一辆被击毁的 Sd.Kfz. 231 型铁路装甲车上合影留念。这辆装甲车的火炮已经不知所踪，车尾的进出舱门呈开启状态，车组成员可能在车辆被毁时及时撤离。

■ 上图及下图是 Sd.Kfz. 231 型铁路装甲车进行测试时的照片。该型装甲车在车体下装有一对可以升降的小型轨轮,在铁路行驶上行驶时不必更换常规轮胎,只要将轨轮降下即可,但小直径轨轮在铁路行驶时效率不高。

■ 上图是从左侧后方拍摄的 Sd.Kfz. 231 型铁路装甲车。注意车体后部两只轮胎中间的小型轨轮。

■ 下图是一辆在东线作战的 Sd.Kfz. 231 型铁路装甲车。当时该车配属于第 3 号装甲列车，图中可以观察到车体前部的升降式轨轮，在背景中可以看到火炮车厢上的 75 毫米反坦克炮正指向可能发生袭击的方向。

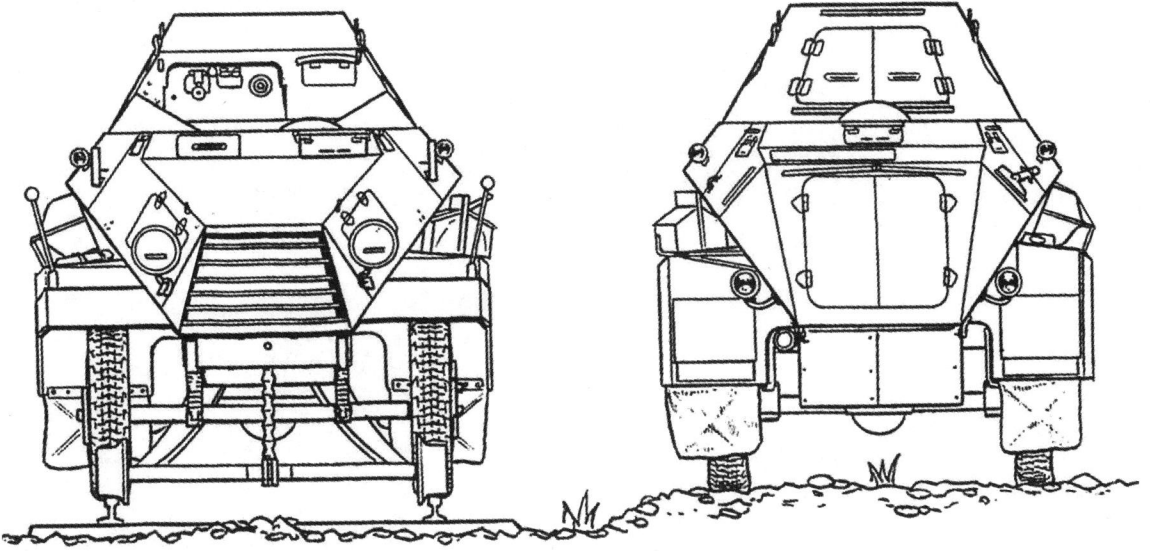

■ 德军 Sd.Kfz. 231 型铁路装甲车的四视线图。注意该车铁路行走装置的升降状态。

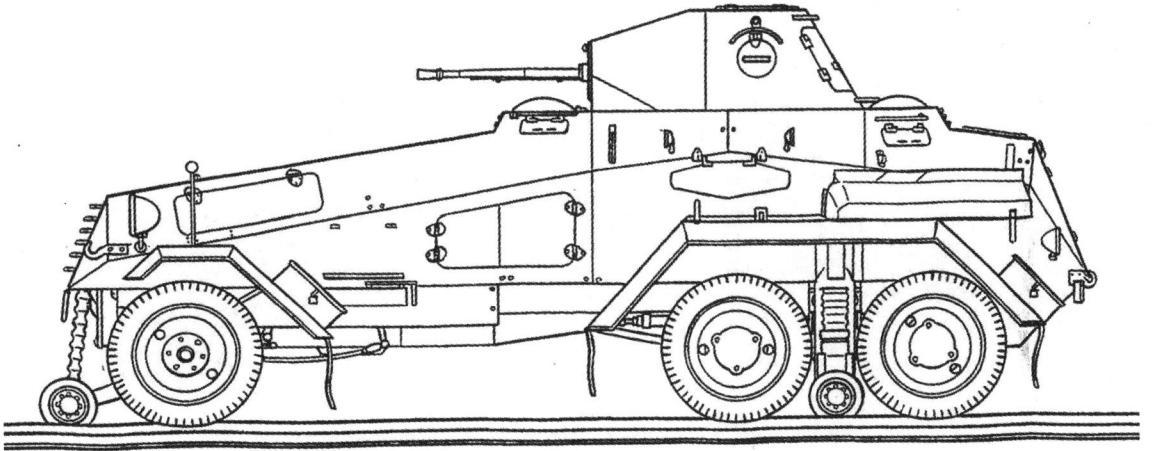

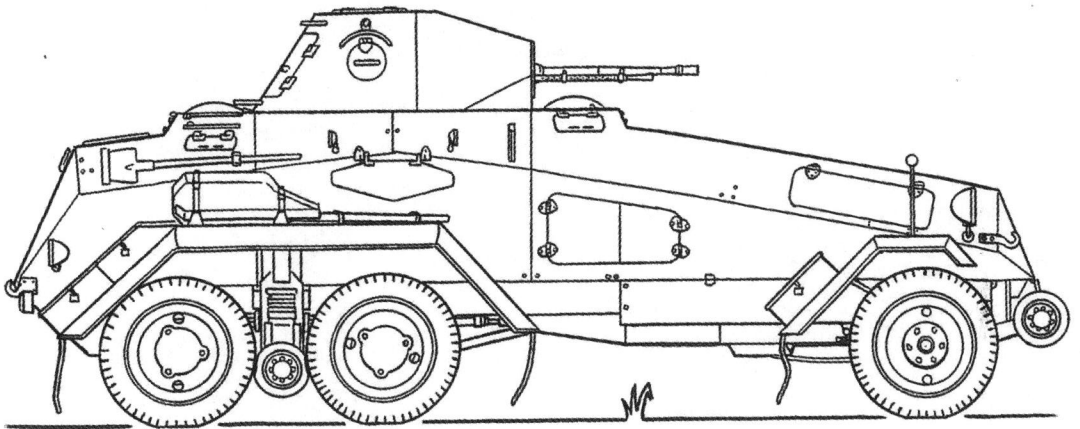

■ 上图是1943年仍在德军装甲列车部队中服役的波兰 TI-3 型装甲机车，图中的这台机车可能属于第10号或第21号装甲列车。

■ 下图是德军装甲列车部队曾经使用过的44型蒸汽机车。

■ 上图是德军装甲列车在战争后期普遍采用的57型装甲机车。相比早期机车大幅强化了装甲防护，57型装甲机车成为装甲列车的标配。

■ 下图是德制52型蒸汽机车。该车也曾被德军用于牵引装甲列车。

■ 上图是 52 型蒸汽机车的侧面照片。

■ 下图是 42 型蒸汽机车的侧视照片。该车型也曾被德军用于牵引装甲列车。

德国陆军总司令于1942年7月17日下令开始批量生产BP-42型装甲列车，将其作为德军的标准装甲列车。首批6列BP-42型装甲列车被命名为第61～66号装甲列车，于1942年9、10、11月先后开工。首先完成的第61号装甲列车于1942年12月服役，被派往中央集团军群战区，配属于第201保安师。第62号装甲列车于1943年2月被派往哈尔科夫地区，配属于南方集团军群。第63号装甲列车于同年5月抵达东线北部的北方集团军群战区。1943年4月27日，陆军总司令部又下达了生产第二批BP-42型装甲列车的指令，同样计划制造6列，命名为第67～72号装甲列车。

自1942年以来，巴尔干占领区的治安形势日趋恶化，各地游击队十分活跃，尤其在希腊和南斯拉夫局势极为严重，连接阿格伦、萨洛尼卡、雅典及贝尔格莱德等重要城市的铁路线成为游击队攻击的重点目标，德国驻军的补给线受到极大威胁。为了加强对铁路线的保护，德军调动了多列装甲列车前往巴尔干地区执行反游击任务。早在1941年就被部署在塞尔维亚南部的第23、24号装甲列车于1942年被调到希腊驻防，同年秋季又增调了第6号装甲列车。第23号装甲列车于1942年10月至1943年2月返回德国国内进行维修，形势再度转劣。为了填补兵力空缺，德军启用了2列克罗地亚的窄轨装甲列车作为铁路护卫列车。在1943年7、8月间，德军在克罗地亚部署了5列铁路护卫列车，在希腊部署了4列。在1943年7、8月间，德军东南战区司令部又获得2列新型的BP-42型装甲列车，即第64、65号装甲列车，但是它们对于塞尔维亚南部、马其顿及希腊的轻轨

■ 刚刚服役的第64号装甲列车。摄于1943年夏季波兰华沙附近，该车是标准的BP-42型装甲列车。

■ 德军装甲列车在东线战场上的主要任务是防范游击队对铁路线的袭扰破坏，确保补给线的安全畅通。图为在苏联冬季的雪原上1列德军装甲列车向铁路一侧可能隐藏游击队员的树林进行射击。

铁路而言过于沉重了，这也是德军于1943年8、9月间同步设计、制造铁路侦察车的原因。由轻型铁路侦察车编成轻型装甲巡逻列车于1944年春季开始服役，而由重型铁路侦察车编组的重型装甲巡逻列车迟至1944年年底才交付部队。在轻型装甲巡逻列车部署到巴尔干地区之前，第15号装甲轨道车和6辆潘哈德铁路装甲车曾在希腊执行警戒护路任务。

1943年8月初，苏联游击队在中央集团军群战线后方展开大规模的破坏活动，而此时德军正面遭到苏军的猛烈进攻，前线局势空前紧张。苏军在库尔斯克战役获胜后趁势向德军展开全面攻势，德军后方的苏联游击队也积极展开活动，以策应苏军的正面进攻。苏联游击队采用了新的作战方式，对铁路线进行大规模破袭，严重威胁德军的补给线，使前线的物资匮乏状况加剧。为了确保后方交通线的安全，德军不仅将首批BP-42型装甲列车的最后1列，即第66号装甲列车配属给中央集团军群，还将第二批同型列车的最先完成的2列，即第67、68号装甲列车也优先配属于

中央集团军群指挥，第67号装甲列车在1943年8月底服役，而第68号装甲列车迟至同年11月才能交付部队。随着德军在东线越来越多地陷入防御作战，德军装甲列车也更多地担负起反游击作战的任务，以确保后方稳定。根据1941年-1942年的作战经验，德军装甲列车充分发挥在机动性和火力多样性上的优势，证明了自己在反游击战方面的战术价值，尤其在抵御苏联游击队对德军后方铁路枢纽的袭击时发挥了重要作用。

1942年11月底，当德军第6集团军在斯大林格勒陷入包围后，部署在哈尔科夫地区的第7、10和28号装甲列车被调往奇尔赫地区（Tschir），奉命支援斯塔赫尔战役集群（Stahel Battle Group），协助后者建立防御阵地，艰难且代价高昂的防御战一直持续到1943年1月中旬德军部队撤到顿涅茨河西岸。1943年2月初，第7、28号装甲列车又转移到罗斯托夫地区继续战斗。不久，德军将东线南部的装甲列车集中到顿涅茨盆地，以阻止渗透到德军纵深地带的苏军部队破坏第聂伯罗彼得罗夫斯克（Dniepropetrovsk）与前线之

■ 1943年在东线战场行动的德军第30号装甲列车。该车当时加挂了缴获的苏制装甲车厢，使用德制 G-10型蒸汽机车。

间的补给线，德军装甲列车的积极作战也掩护了德军在米乌斯河沿线的撤退行动。

1943年春季，位于东线南部的德军装甲列车部队度过了一段相对平静的时光，但随着8月间德军在库尔斯克战役中失利，它们再度被投入到惨烈的防御战中，并向第聂伯河沿岸逐步撤退。从第10号装甲列车分离出来的第11号装甲列车协同第28、62号装甲列车在哈尔科夫地区作战。1943年11月，苏军在普里皮亚特至基辅一线的宽大正面上发起大规模攻势，前线局势岌岌可危，德军战斗力已经严重损耗，兵力薄弱的德军几乎无法组织有效的防御，他们只能再度依赖装甲列车的强大火力和优异机动性来维持防线。第7、10和11号装甲列车在别尔基切夫（Berditchev）－日托米尔（Shitomir）－克罗斯腾（Korosten）的铁路沿线进行机动作战，之后逐步向萨尔内（Sarny）－罗夫诺（Rovno）－舍佩托夫卡

（Shepetovka）－普罗斯库罗夫（Proskurov）沿线撤退，进而向科韦尔（Kovel）－布罗迪（Brody）－塔尔诺波尔（Tarnopol）一线收缩防御。与此同时，第28号装甲列车在克里维里赫（Krivoy Rog）北部经历了艰苦的战斗，当苏军在切尔卡瑟（Cherkassy）和乌曼（Uman）地区对德军形成包围时，该车又被部署在包围圈的西部边缘。

鉴于东线南部战线的危急形势，德军将更多的装甲列车增调给南方集团军群。1943年10月，重编并得到加强的第31号装甲列车被派往别尔基切夫－日托米尔－卡扎京（Kasatin）一线。1944年2月，第30号装甲列车被部署在尼古拉耶夫（Nikolaiev）－敖德萨（Odessa）地区。此外，第二批量产的BP-42型装甲列车中的第69～71号装甲列车也在1943年至1944年的冬季被派往南部战线，后来又增调了第72号装甲列车。

在1943年，德军装甲列车部队的指挥体制发

■ 战争后期已经换装德制装甲机车的第10号装甲列车。该车仍然使用波兰制造的指挥车厢和火炮车厢。

■ 1943年夏季配属于北方集团军群的第63号装甲列车行驶在一片森林中间的铁路线上，翻倒在路旁的货运车厢残骸表明这里之前曾经遭到游击队的袭击，而保卫铁路安全是装甲列车最重要的任务。

生了重大改变。新的装甲兵总监部于1943年4月1日成立，该部门并不从属于陆军总参谋部或后备军司令部，而装甲列车部队被视为装甲部队的一部分，自然也归属于装甲兵总监部的管辖，所以装甲列车部队被置于驻因斯特堡（Insterburg）的第1装甲兵司令部的指挥下。不过，装甲列车部队司令（即原属快速部队司令部的装甲列车参谋长）的职务仍被保留在陆军总参谋部的编制内，具有很高的独立性。值得注意的是，所有返回德国国内进行维修、休整和重整的装甲列车仍然由装甲列车司令负责管理，同时还要受到后备军司令部的节制。根据与后备军司令部达成的协议，装甲列车部队司令有权改变装甲列车在国内的部署位置，可以向陆军武器局及第6铁路工程处提出装备方面的要求，还可以依据自己的想法进行武器装备的配置。此外装甲列车司令还要根据装甲兵总监的指示负责装甲列车部队的训练以及相关规范、文件和备忘录的拟定，只有涉及到部队编制变更和缴获武器分配的事项时，装甲列车部队司令才需要向装甲兵总监、陆军武器局领导及

后备军司令部报告。实际上，装甲列车部队司令在上述部门间担任着非常重要的协调角色。之前担任装甲列车部队参谋长的冯·奥尔谢夫斯基上校继续担任装甲列车部队司令，他在这一职位上一直工作到1945年3月31日装甲列车司令部被取消。此后，有关装甲列车的事务均由装甲兵总监部下属的一个办公室负责，由冯·威德尔少校（von Wedel）担任办公室主任。

到1943年12月时，德军装甲列车的数量已达到近30列，其中大部分都部署在东线战场上：第51、63号装甲列车配属于北方集团军群；第1、2、21、27、61、66、67和68号装甲列车配属于中央集团军群；第7、10、11、28、30、31、62、69和70号装甲列车配属于南方集团军群。此外，第6、23、64和65号装甲列车部署在巴尔干地区，第22、25号装甲列车在法国占领区，第3、4、24和26号装甲列车在后方工厂进行维修。在战争前期服役的装甲列车中有2列已经被除名：第5号装甲列车在1940年5月10日遭到严重损坏后就被解散了；第29号装甲列车于1942年1月13日遭到包

围后被德军自行炸毁。

诚然，战场上的很多战例都证实了装甲列车卓越的实战效能及其车组成员拥有的的顽强战斗精神，但装甲列车的生存能力并不像其外表那样强悍，它们常常遭遇对手各种形式的攻击而陷入绝境，诸如在铁轨下埋设地雷，使用火炮进行直瞄射击或动用大口径火炮实施火力覆盖，不过此类攻击通常只能破坏装甲列车的部分车厢，并不能完全让其丧失战斗力，只要通往后方的铁路依然畅通，德军就能将受损的列车拖回后方修复。1944年5月，第10、27号装甲列车曾在科韦利陷入包围并遭到苏军炮火的猛烈攻击而严重损毁。在被友军解救后，这2列装甲列车的残骸均被运回伦贝尔图夫进行修理，第27号装甲列车得以重新组建。而近乎全毁的第10号装甲列车则被拆解，其可用部件被用于修复第27号装甲列车，但第10号装甲列车也随之被除名。

德军装甲列车部队的战斗条令明确规定，只有在以下几种情况下才能放弃装甲列车：列车在战场上丧失行动能力并受到优势敌军的威胁；机车遭到损毁而失去动力；列车已经出轨；铁路线遭到破坏。在放弃列车时车组成员必须进行破坏，以免资敌。除上述情况外擅自放弃装甲列车都将受到军事法庭的审判。

虽然有如此严格的军纪规定，但随着战争后期德军转入守势，战局每况愈下，战场上遗弃装甲列车的情况越来越频繁。1943年12月12日，第21号装甲列车误入卡扎京地区的一座被苏军占领的火车站，结果陷入重围而被迫放弃。1944年3月，第69号装甲列车在塔尔诺波尔以东地区遭遇苏军坦克的攻击，在炮火攻击下列车出轨而被遗弃。1944年4月4日，因为所有通往后方的铁路线均被切断，第70号装甲列车在拉兹杰利纳亚(Rasdelnaya)附近被德军自行炸毁。1944年夏季，当中央集团军群在苏军的猛烈攻势下全线崩溃时，德军装甲列车部队遭受了战争中最惨重的损失，从6月底到8月底，第1、28、61、66和74号装甲列车全部丧失在溃退的洪流中，其中第74号装甲列车才刚刚服役几天，而第17号装甲轨道车也和第61号装甲列车一道被摧毁。与此同时，北方集

■ BP-44 型装甲列车配备的坦克歼击车厢。车厢上搭载了一座 IV 号 H/J 型坦克的炮塔，安装了 1 门长身管 75 毫米坦克炮。BP-44 型装甲列车增配坦克歼击车厢的目的在于应对苏军坦克的威胁。由于资源匮乏，德军在战争后期已经无法生产足够数量的坦克歼击车厢。

团军群也损失了第 51、67 号装甲列车，而在东线南部的战斗中德军又失去了第 63 号装甲列车。进入 1944 年 9 月，德军装甲列车的损失数量继续增加，第 71 号装甲列车在罗马尼亚前线被击毁，第 32 号装甲列车在法国遭遇毁灭，而第 304 号装甲列车（轻型装甲巡逻列车）在巴尔干地区被击毁。

面对前线持续不断的损失，德军新建的装甲列车数量完全是杯水车薪，根本无法弥补战损。在 1944 年 9 月 30 日之前的九个月中，只有 4 列装甲列车建成服役：第 73 号装甲列车被投入意大利战场，第 71、74 和 75 号装甲列车被派往东线，其中第 74 号装甲列车很快就损失了，第 75 号装甲列车后来被改为第 5 号训练装甲列车。此外，第 301 ~ 304 号轻型装甲巡逻列车和第 16、18、19 和 20 号装甲轨道车被派往巴尔干地区，这就是 1944 年上半年德国装甲列车部队的全部新增力量。

德军在 1944 年已经拟定了大规模生产计划，准备新建 8 列 BP-44 型装甲列车、16 列重型装甲巡逻列车、46 辆装甲歼击轨道车（用于加强原有的装甲列车）和 5 辆装甲轨道车，这项计划甚至还没有包含意大利安萨尔多公司为德军建造的装甲轨道车。然而，由于原材料匮乏和武器装备的供应日趋紧张，这项计划根本无从实现。德国人在 1943 年计划利用乌克兰地区出产的钢材建造装甲列车，但是到 1944 年时乌克兰的炼钢厂已经被苏军收复了。此外，很多熟练工人也被调往其他更急迫的生产项目上，人力资源的紧缺进一步加剧了装甲列车生产的拖延状况，延长了生产周期，同时装甲列车的编组、人员训练和作战准备也都需要花费更多的时间。1944 年 7 月底，苏军已经逼近华沙，装甲列车的维修训练基地被迫从伦贝尔图夫转移到波希米亚北部的米洛维采（Milowitz），这对装甲列车部队的编组和补充造成了严重影响。到 1944 年时，装甲列车在生产优先度上已经与豹式坦克和虎式坦克一样列为第二高级别，德国人努力满足钢材的供应，尽管如此，1944年装甲列车的生产计划依然被拖延到1945年第一季度。1944年夏季装甲列车在东线战场上的巨大损失再次引起德军内部对其作战价值的质疑，使得装甲列车的建造进一步受到延缓。

德军在1944年计划建造的16列重型装甲巡逻列车中最后只有8列实际开工，有2列在1945年1月被取消建造，到1945年初时仅有2列交付部队。BP-44型装甲列车在1945年初时服役的数量也仅有2列，第76号装甲列车被部署到东普鲁士，第75号装甲列车则被派往巴尔干地区，与它同行的是第52号装甲列车，即原铁路护卫列车"布吕歇尔"号。制造46辆装甲歼击轨道车的计划同样没有完成，这意味着升级老式装甲列车的计划也难以实施。

1944年7月25日，盟军突破了德军在诺曼底的防御阵地，8月15日，盟军部队又在法国南部的地中海沿岸登陆，这使得德军部署在法国的第22、24和32号装甲列车陷入困境，为了避免无谓的损失，它们开始向德国本土撤退，尽管不断遭

到盟军飞机的袭扰，第22、24和25号装甲列车都成功地撤回德国，仅有第32号装甲列车因为缺乏淡水供应而被遗弃在圣贝兰（St.Berain）。从法国死里逃生的三列装甲列车随后都得到了加强，每列列车都加挂了坦克歼击车厢，在1944年10月至11月间被陆续派往斯洛伐克和波兰南部地区。在1944年的最后三个月中，由于战损和缺乏备件，德军失去了更多的装甲列车：第3、21号装甲列车损失在库尔兰（Courland）；第6、301和302号装甲列车损失在巴尔干。

在1944年，德军对装甲列车部队的作战编制进行了调整。在此之前，陆军总司令部将装甲列车配属于某集团军群或某集团军，而后者又将装甲列车作为可用的机动力量直接配属于所在战区的前线指挥官。这种松散的配属关系以及部分指挥官对于装甲列车的特点缺乏了解，都是导致装甲列车不能得到正确的运用的原因，往往无法发挥出应有的效能，甚至受到忽视。由于指挥上的错误，不少装甲列车陷入困境而招致损失。实战证明，将数列装甲列车组成一个战斗群用于防御

■ 1944年9月停在法国某火车站内的第32号装甲列车。该车的坦克搭载车厢内装载了一辆100毫米洛林自行火炮。第32号装甲列车是德军唯一遗弃在法国的装甲列车。

■ 1944年4月在东线作战的第72a号装甲指挥列车。装甲车厢上覆盖了大量植物枝条作为伪装物，以防备空中侦察和空袭。第72a号装甲指挥列车由第72号装甲列车的部分车厢改装而成，后在该车基础上组建了第2装甲列车团团部。

作战是非常有效的，德军在编组第10号装甲列车（下辖2列装甲列车）时曾进行过这样的尝试，多列装甲列车协同作战不仅能够加强火力，还能相互支援，比如当1列装甲列车受损丧失机动能力时，另1列装甲列车可以将其拖回安全地带，避免损失。战争后期，由于缺乏重型装备，德军放弃了将装甲列车编组作战的做法，通常将其单独配属给步兵部队从事支援任务。为了更好地发挥装甲列车的作用，德军决定在集团军群内成立独立的装甲列车团，负责指挥集团军群内的所有装甲列车。在1944年1月，在驻巴尔干地区的F集团军群内已经建立了这样的指挥机构，由贝克上校（Becker）担任指挥官，但在东线的各集团军群中未能马上建立装甲列车团，而是采取了一种灵活的解决办法，将第72号装甲列车分编为2列指挥列车——第72a和72b号，作为装甲列车部队的移动指挥所，由于1944年德军装甲列车在东线战场上的惨重损失，其独立指挥机构的建立被大大推迟了。在从法国撤回的装甲列车被调到波兰前线后，德军于1944年11月在A集团军群（后为

中央集团军群）编成下以第72a号指挥列车为基础组建了第2装甲列车团团部，由冯·蒂尔克海姆中校（von Turckheim）任团长，而在此前一个月，第3装甲列车团团部以第72b号指挥列车为基础已经在东普鲁士的中央集团军群（后为北方集团军群）编成下组建，由京特中校（Gunther）担任团长。驻巴尔干地区的F集团军群编成下由贝克上校领导的指挥部则相应重编为第1装甲列车团团部。1945年3月，第3装甲列车团团部在格腾哈芬（Gotenhafen）被击溃，后来在中央集团军群编成下重建，由原装甲列车补充部队司令瑙曼少校（Naumann）接任团长，并在波希米亚和摩拉维亚地区度过了战争的最后时光，但关于该团团部重建的情况缺乏可靠的信息。

根据编制计划，每个装甲列车团团部将配属1列装甲指挥列车，由指挥车厢、防空／火炮车相及坦克歼击车厢组成，但是已经日薄西山的纳粹德国严重缺乏各种物资和材料，无法制造足够数量的指挥列车。仅有第1装甲列车团团部于1944年12月得到了新造的Ⅰ号指挥列车，而第2

147

■ 1列番号不详的 BP-42 型装甲列车将所有武器指向列车一侧准备开火，由左至右分别是防空 / 火炮车厢、指挥车厢和火炮车厢。

装甲列车团团部在 1945 年 2 月得到的 II 号指挥列车实际上由各种车辆拼凑而成，第 3 装甲列车团团部的 III 号指挥列车也是同样的情况，而且迟至 1945 年 4 月才交付部队。1944 年 4 月 21 日，德军还指派 4 辆辅助轨道车用于各装甲列车指挥部的通讯联络，还准备编组 2 列维修列车为装甲列车部队提供维修支援，但仅有第 1 号维修列车于 1944 年 7 月 20 日被派往驻巴尔干的装甲列车指挥部（即后来的第 1 装甲列车团团部），这也是维修列车唯一的实战记录。

到 1945 年初，德军装甲列车的部署如下：北方集团军群（库尔兰）配属有第 26 号装甲列车；中央集团军群配属有第 72b 号装甲指挥列车，第 30、52、68 和 76 号装甲列车，第 19、21 和 23 号装甲轨道车；A 集团军群配属有第 72a 装甲指挥列车，第 11、22、24、25 和 62 号装甲列车，第 16、18、20 和 22 号装甲轨道车；南方集团军群配属有第 64 号装甲列车；F 集团军群（巴尔干）配属有第 23、75、201、202 和 203 号装甲列车，第 15、30、33、35 和 38 号装甲轨道车。原来部署在巴尔干地区的第 65 号装甲列车正在米洛维采进行

修理。在战争的最后阶段，德军的装甲列车主要集中部署在两个地区，一个是从波罗的海沿岸到喀尔巴阡山的东部前线，另一个是巴尔干地区。在这两个地区部署的装甲列车在类型上有所差异：东部战线以广阔的平原地形为主，比较适合拥有强大火炮的重型装甲列车作战；而巴尔干地区以复杂的山地地形为主，适于部署轻型装甲巡逻列车和装甲轨道车，它们的主要对手是游击队和缺乏重武器的轻装部队。从上述部署中可以看出德军装甲列车配置呈现出北重南轻的态势。

1945 年 1 月中旬，苏军开始发动新的攻势。由于德军在 1944 年 12 月将大批装甲部队调往西线发动阿登战役，剩余的装甲预备队又被派往匈牙利保卫那里的油田，所以从波兰到德国边境一线几乎没有具备战斗力的德军装甲部队，仅凭几列装甲列车是无论如何都守不住在维斯瓦河和奥德河之间的脆弱防线。当苏军发起进攻时，第 72b 号指挥列车和第 22 号装甲列车部署在华沙南部，不久第 22 号装甲列车被调往斯洛伐克，从而躲过一劫，除了该车之外其余所有配属 A 集团军群（后为中央集团军群）的装甲列车全部被苏军潮

水般的攻势淹没了。第 22 号装甲列车最终也没有逃过毁灭的命运，在 2 月 11 日被德军遗弃在斯普罗陶（Sprottau）附近。东普鲁士的形势同样困难，起初第 2 装甲列车团（下辖第 72b 号指挥列车，第 30、52、68 和 76 号装甲列车）被部署在相对平静的第 4 集团军防区内。大约在 1945 年 1 月 20 日前后，德军显然已经无法阻止苏军突破第 3 装甲集团军和第 2 集团军的防线，此时第 72b 号指挥列车和第 30 号装甲列车奉命前往索尔道（Soldau），从那里杀开一条血路，前往已经被包围的德意志－埃劳（Deutsch Eylau），它们在抵达马林堡（Marienburg）的一路上还收容了很多难民。第 68 号装甲列车正在柯尼斯堡（Konigsberg）接受维修，只具备一半的战斗力，后来第 52 号装甲列车也到达那里。第 76 号装甲列车在萨姆兰地区（Samland）被切断，与团主力失去联系，在 1945 年 4 月战损。第 2 装甲列车团的其余 4 列装甲列车先后在维斯瓦河低地地区、图切勒森林（Tucheler Heide）和波美拉尼亚地区（Pomerania）进行防御战，后于 1945 年 3 月初转移到拉萨蒂亚（Lusatia），但是它们在施拉弗（Schlave）附近被快速推进的苏军部队切断，只能向格腾哈芬退却，于 3 月底在那里全军覆灭。

在 1945 年 2 月初，德军组建了“维斯杜拉”装甲列车战斗群，用于防守柏林以东的奥德河防线，该战斗群由第 2 装甲列车团团长冯·蒂尔克海姆中校指挥，他的团部使用临时改装的 II 号指挥列车，该车原先部署在弗尔斯滕瓦尔德（Furstenwalde），后来转移到普伦茨劳（Prenzlau）附近的本尼兹（Beenz）。位于米洛维采的装甲列车补充部队只能为“维斯杜拉”战斗群提供第 5 号训练装甲列车、刚刚修复的第 65 号装甲列车和新造的第 77 号装甲列车。为了弥补兵力缺口，最后连老旧不堪的第 83 号和“马克斯”号铁路护卫列车也被编入该战斗群充数。为了保卫柏林，装甲兵总监部和帝国军备部四处调集资源，紧急改装 1 列铁路护卫列车“柏林”号加强给“维斯杜拉”战斗群，该车甚至还搭载了豹式坦克。1945 年 4 月，在柏林改装的第 350 号铁路护卫列车也被编入该战斗群，不久“马克斯”号铁路护卫列车意外地被调往巴尔干。除了上述列车外，“维斯杜拉”战斗群还编入了数辆装甲轨道车，最初是第 22、37 号装甲轨道车，后来又增加了第 16、21 号装甲轨道车。

在战争的最后三个月里，德军装甲列车部队在波兰及德国东部投入了令德军绝望的防御战。第 72a 号指挥列车重新被当作战斗列车使用，它与第 77 号装甲列车和第 5 号训练装甲列车在波美拉尼亚前线展开作战，并在 1945 年 2 月末到 3 月初全部损失。部署在奥德河前线的装甲列车战斗

■ 1945 年 3 月，停在匈牙利巴拉顿胡南部某地的第 64 号装甲列车。

■ 1945年5月德国投降后，第73号装甲列车被车组乘员遗弃在南斯拉夫、奥地利和意大利三国交界处。该车保持完好，未遭破坏。

群在1945年4月中旬苏军发动进攻时大多成功撤退，仅有"柏林"号铁路护卫列车被苏军炮火摧毁。第75号装甲列车被从巴尔干调回德国本土，负责保卫位于柏林南部措森（Zossen）和温斯多夫（Wunsdorf）的司令部，该车后来也成功向西撤退，与第65号装甲列车，第83、350号铁路护卫列车以及第21、22号装甲轨道车一起转移到梅克伦堡。上述这些车辆于1945年5月2日日被美军包围在路德维希斯卢斯特（Ludwigslust）和霍尔特胡森（Holthusen）之间，随即缴械投降。第16号装甲轨道车被遗弃在新鲁平以南，而第37号装甲轨道车的最后结局则不为人知。

1945年1月初，由于原材料短缺，德军决定除了完成已经开工的装甲列车外，其余装甲列车的建造计划全部取消，第209、210号重型装甲巡逻列车也因此未能开工。1945年2月，随着布雷斯劳被苏军包围，作为装甲列车主要生产厂家的林克－霍夫曼工厂（Linke Hofmann Works）完全停产。1945年4月5日，陆军总司令部下达命令，要求完成第第81、82号装甲列车的人员编组，停止第83、84号装甲列车的建造，加紧完成

第51～53号装甲歼击轨道车的建造，同时还要对III号辅助指挥列车、第350号、"莫里茨"和"维尔纳"号铁路护卫列车进行改装，加强武备，以作为辅助装甲列车使用，就像之前的"柏林"和"马克斯"号铁路护卫列车一样。这是目前所知的陆军总司令部发布的最后一份有关装甲列车部队的命令。在战争末期，很可能还有更多的铁路护卫列车接受改装，以应对激烈的防御战。

在1945年春季，从米洛维采的维修补充基地开赴前线的最后几列装甲列车是第4、78和79号装甲列车，它们最初都准备部署到危机四伏的匈牙利西南部地区，但第4号装甲列车后来与在柏林完成改装的"维尔纳"号铁路护卫列车一起转道前往克罗地亚。当1945年5月战争临近结束时，驻扎在施蒂里亚（Styria）南部、克罗地亚和斯洛文尼亚的第4、64和78号装甲列车及第19号装甲轨道车能够设法撤到奥地利境内，在那里它们的车组成员能够安全地向西方盟军投降。其他部署在巴尔干地区的装甲列车部队则没有这样的好运气，这些部队包括：第23号装甲列车；第202、203和204号重型装甲巡逻列车；第303号

轻型装甲巡逻列车；"马克斯"、"慕尼黑"和"维尔纳"号铁路护卫列车；第 30、31、32、34、35和 38 号装甲轨道车；I 号指挥列车和第 1 号维修列车。由于铁路线基本上被铁托的游击队所控制，它们只能在各自的防区等待最后的命运，也有部分车组成员放弃车辆，沿公路撤到卡拉瓦肯山（Karawanken）北面。

由于在战争结束前后的混乱中有大量文件档案被销毁或遗失，中央集团军群下辖的装甲列车部队在战争最后几周里的经历已经无从得知。可以确认的是，当时在中央集团军群编成下作战的装甲列车部队包括第 7、27、80、81 和"莫里茨"号装甲列车，第 205、206 号重型装甲巡逻列车和第 36 号装甲轨道车，此外还有其他装甲列车。至少有 2 列番号或名称不明的装甲列车在战争末期有迹可循，其中由鲁道夫·多姆斯上尉（Rudolf Dohms）指挥的 1 列列车在 1945 年 5 月 5 日向捷克军队投降，随即被捷克人用来进攻德军，但在两三天的战斗后就严重损毁了，最后很可能被遗弃了。在二战结束前夕，还有人看到 2 列身份不明的装甲列车曾在赖兴贝格地区（Reichenberg）出现，

但其结局至今仍是一个谜。此外，第 82 号装甲列车在战争结束前是否已经完成？在 1945 年 4 月已经列入编制序列的第 99 号装甲列车的命运如何？这些都成为无人知晓答案的谜题。当德国宣布投降后，所有装甲列车的车组成员及其补充单位的官兵们都像绝大部分德军官兵一样想尽办法逃往英美盟军占领区，如果他们足够幸运，没有被迅速推进的苏军逮到，那么他们就能避免悲惨的经历：那些不幸被苏军俘虏的德军官兵将被送往西伯利亚的战俘营，等待他们的将是监禁和苦役。

二战德军装甲列车的故事在 1945 年 5 月落下了帷幕，但历史并未就此画上句号。在战争结束70 年后的 2015 年，一则新闻报道又勾起了人们对这些钢铁怪兽的兴趣："两位探险家在波兰发现了1 列于 1945 年失踪的德军装甲列车，据说车上满载着德国人从占领区劫掠的黄金，但他们拒绝透露更详细的信息。"这列装甲列车的编号和型号是什么？列车上是否真的满载黄金？它究竟隐藏在哪里？俄国人甚至怀疑当年被德国人抢走的珍宝就藏在车上。人们期待着更多有关德军装甲列车的未解之谜能够找到答案。

■ 战后波兰军队使用战时缴获德军轻型铁路侦察车执行巡逻警戒任务。这种车辆直到 20 世纪 60 年代才从波兰军队中全部退役。

■ 上图是 1943 年夏季交付德军的 1 列 BP-42 型装甲列车。从 1942 年 12 月到 1944 年 2 月，总共有 12 列 BP-42 型装甲列车建成服役。

■ 上图是 1942 年 12 月，德军第 61 号装甲列车在伦贝尔图夫基地进行测试时的照片。该车是第 1 列建成服役的 BP-42 型装甲列车，于 1942 年 12 月 23 日交付部队使用，配属中央集团军群；后于 1944 年 6 月 27 日陷入苏军包围，被车组成员自行摧毁。

■ 下图是 1943 年夏季，第 63 号装甲列车在沃尔霍夫地区的一座军用便桥上停留。可见该车大部分车厢的舱门都是打开的，车组成员也没有处于戒备状态。第 63 号装甲列车属于 BP-42 型。

■ 1943 年 3 月，第 62 号装甲列车在斯塔尼斯劳附近地区执行任务。可见列车搭载的 38（t）型坦克的炮塔以及火炮车厢的火炮都指向列车一侧，坦克车长和炮组成员都用望远镜紧张地搜索目标。

■ 上图是1942年12月，第61号装甲列车抵达中央集团军群战区。该车是第1列建成服役的BP-42型装甲列车。

■ 上图是1943年2月配属于南方集团军群的第62号装甲列车在哈尔科夫附近地区作战。注意车厢上的20毫米高射炮呈平射状态。

■ 下图是1943年5月，第63号装甲列车抵达北方集团军群战区。该车也属于首批建造的BP-42型装甲列车，它将在列宁格勒至沃尔霍夫的铁路线上执行巡逻警戒任务。

■ 上图是第 63 号装甲列车（BP-42 型）的坦克搭载车厢近照。该车车厢侧面向外侧倾斜的装甲护板将搭载的 38（t）型坦克车体完全遮蔽起来，能够有效抵御轻武器和炮弹破片的攻击，照片中还能清楚地看到车厢前端的升降式跳板。

■ 下图是 1943 年冬季在前线作战的第 63 号装甲列车。一小队身穿白色伪装服的步兵在车厢前列队待命。

■ 上图是1943年至1944年冬季，第64号装甲列车在克罗地亚作战时的照片。车身上覆盖了不少积雪，该车在服役后被派往巴尔干地区。

■ 下图是德军第64号装甲列车（右）在苏联某地的火车站与另1列德军军列并排停靠。该车车组成员在车顶上休息，显得很轻松。

■ 上图是 1 列 BP–42 型装甲列车的防空／火炮车厢（左）和坦克运载车厢（右）。平板车厢上搭载的坦克为捷克制 38（t）型，在车厢侧面安装了外倾的装甲护板，可以更好地保护行走装置，在车厢一端还能看到供坦克上下车的跳板。

■ 下图是 1 列在铁路线上被击毁的 BP–44 型装甲列车。整列列车都遭到严重的毁坏，图中可以辨别出列车前部坦克歼击车厢上的 IV 号 H/J 型坦克的炮塔。BP–44 型装甲列车的主要改进之处就是增加了坦克歼击车厢，以加强反坦克能力，此外有资料显示 BP–44 型装甲列车的防空车厢安装了"旋风"自行高射炮的炮塔。

■ 上图是1列处于战斗状态的德军 BP-42 型装甲列车。该车所有火炮都指向列车一侧，连四联装20毫米高射炮都处于平射状态。

■ 左是为战争后期1列经过伪装的 BP-44 型装甲列车。从火炮制退器的外形判断其旋转炮塔内安装了德制105毫米 FH-18M 型榴弹炮。

■ 上 图 是 1943 年 10 月
配属于中央集团军群的第
67 号装甲列车。注意在平
板车厢上搭载的潘哈德铁
路装甲车装着常规轮胎,
尚未更换为铁路轨轮。

■ 右图是 1943 年 11 月在
中央集团军群战区作战的
第 68 号装甲列车。该车车
厢上覆盖着伪装网。

■ 下图是 1943 年夏季在
中央集团军群战区后方执
行铁路警戒任务的第 66 号
装甲列车。

■ 上图是 1943 年 10 月，经过升级改装后的第 31 号装甲列车返回南方集团军群战区。火炮车厢的炮塔都更换为 BP-42 型列车的炮塔。

■ 上图是 1943 年 4 月在科罗斯坚地区参加反游击作战的第 7 号装甲列车。当时该车的坦克搭载车厢上装载的是 III 号 J 型坦克。

■ 上图是在东线南部战线作战的第 11 号装甲列车。其波兰制装甲车厢上造型独特的旋转炮塔一望可知。

■ 下图是第 62 号装甲列车搭载的 38（t）型坦克搭载步兵向游击队展开快速进攻。装甲列车的火炮将为他们提供火力支援。

■ 上图是1944年春的第2号装甲列车。该车的火炮车厢在战斗中被毁，随后被改装为铁路护卫列车。

■ 右中上图是1944年夏季配属于中央集团军群的第61号装甲列车。该车在苏军的大规模攻势中被摧毁。

■ 右中下图是1944年6月27日在博布鲁伊斯克附近被苏军炮火击伤的第1号装甲列车。该车车厢上覆盖着伪装网。

■ 下图是1944年7月交付部队的第74号装甲列车。由于战况吃紧，该车在尚未全部完工的情况下于7月25日开赴前线，结果在7月29日被苏军炮火击毁于华沙东南部地区。

■ 左图是1943年8月底，1节BP-42型装甲列车的火炮车厢被加挂在老旧的第1号装甲列车内。其坦克搭载车厢也更换为BP-42型列车的样式。

■ 下图是1944年2月21日经过改装的第7号装甲列车驶抵尼古拉耶夫。该车由苏制OB-3型装甲列车的防空车厢及BP-35型装甲列车的火炮车厢编组而成。

■ 上图是1944年1月配属于南方集团军群的第71号装甲列车。该车属于第二批建造的BP-42型装甲列车。

■ 下图是1944年3月抵达科韦利的第10号装甲列车。该车随后在这里陷入包围，在战斗中遭到苏军的猛烈炮击和空袭而严重损坏。

■ 上图是1944年2月停在南波洛茨克法兰珀夫车站的德军装甲列车群。在照片右上部是第72a号装甲指挥列车，该车的车厢由普通客运列车改装而成。在指挥列车后方停靠的是第26号装甲列车，而在另一条铁路上停靠的是第67号装甲列车，在两条铁路之间的空地上停有4辆38（t）型坦克。

■ 上图是几名装甲列车指挥官在交谈。图中左侧是第67号装甲列车指挥官霍普中尉，中间为第2装甲列车团团长冯·蒂尔凯姆中校，右侧为第72a号装甲指挥列车指挥官（姓名不详），他身后被挡住的是第26号装甲列车指挥官席费尔中尉。

■ 左图是第3装甲列车团团长京特中校（右二）在视察部队时与指挥官们交谈。他们身后的装甲列车为第72b号装甲指挥列车。

■ 左图是一辆38（t）型坦克正通过跳板倒车进入坦克搭载车厢内。注意这辆坦克车首正面的机枪已经被拆除。在背景中可以隐约辨别出带有炮口制退器的火炮，因此可以判断是1门105毫米FH-18型榴弹炮，由此可以确定图中的这列装甲列车属于BP-44型，而照片的拍摄时间应在1944年夏季之后。

■ 上图是战争后期BP-44型装甲列车配置的装甲歼击车厢。该车厢安装一座Ⅳ号H型坦克的炮塔，以克制苏军坦克的威胁，图中这节装甲歼击车厢的炮塔还保留了侧面的装甲护板。

■ 下图是1944年春行驶在苏联原野上的第72b号装甲指挥列车。它由第72号装甲列车的部分车厢编成，德军后来以该列车为基础组建了第3装甲列车团团部。第72号装甲列车的另外一部分车厢则编为第72a号装甲指挥列车。

■ 上图是1944年夏季匆忙开赴前线的第74号装甲列车。有资料显示该车是首批服役的 BP-44 型装甲列车之一。德军于1944年6月从第73号装甲列车开始生产 BP-44 型装甲列车，原计划安装德制 105 毫米 18M 型榴弹炮，但由于火炮产量不足，实际完成的列车大多还沿用原有的缴获火炮。在 1944 年 7 月苏军在布格河和维斯瓦河之前地区突破德军防线后，第74号装甲列车匆匆完工，被派往前线救急，此时该车尚未完成编组，还没有配备坦克歼击车车厢和装甲机车。

■ 下图是1945年春季，第78号装甲列车在匈牙利南部的留影。该车是 1 列标准的 BP-44 型装甲列车。照片中可见第78号装甲列车的各车厢都用植被进行了伪装，防止被苏军的空中侦察发现，进而遭受来自空中及地面的攻击。

GERMAN ARMORED TRAINS IN WORLD WAR II 1939-1945

■ 上图是1944年10月抵达东普鲁士戈乌达普地区的第52号装甲列车。由于当时东线德军已经失去了战场制空权，该车进行了严密的伪装，防备苏军的航空侦察和空袭。

■ 上图是1944年秋季抵达斯洛伐克地区的第22号装甲列车。该车的武备得到了强化并补充了必要的人员。在盟军于1944年夏季登陆法国之后，部署在西线的德军装甲列车大都撤回本土，包括第22、24和25号装甲列车。上述列车于1944年10月至11月间被全部调往东线，配属于A集团军群。

■ 下图是1945年2月经过加强后的第65号装甲列车重返东部前线。该车加挂了装甲狙击车厢，改进了指挥车厢和防空车厢，在防空车厢上安装了"旋风"自行高射炮的炮塔。注意车体上涂绘的迷彩图案。

■ 左图是 1945 年春季在维斯瓦河前线，大批德军士兵企图登上第 65 号装甲列车向西撤退。当时该车属于"维斯杜拉"战斗群。

■ 下图是全车覆盖伪装网的第 19 号装甲轨道车。该车时常伴随第 30 号装甲列车执行战斗任务。

■ 下图是第 350 号装甲列车的装甲歼击车厢。实际上就是在平板车厢上固定一辆 IV 号 H 型坦克。第 350 号装甲列车于 1945 年 4 月 17 日匆忙完工，随后前往奥德河前作战，在这幅照片拍摄一小时后，该车被苏军击毁。

德军装甲列车彩图集

■ BR-57型装甲机车早期型彩色侧视图。

■ BR-57型装甲机车后期型彩色侧视图。

■ BR-57型装甲机车的彩色正视图，其正面盖板可以左右开启。

■ BP-42型装甲列车防空／火炮车厢的彩色正视图。

■ BP-42型装甲列车防空／火炮车厢的彩色侧视图。

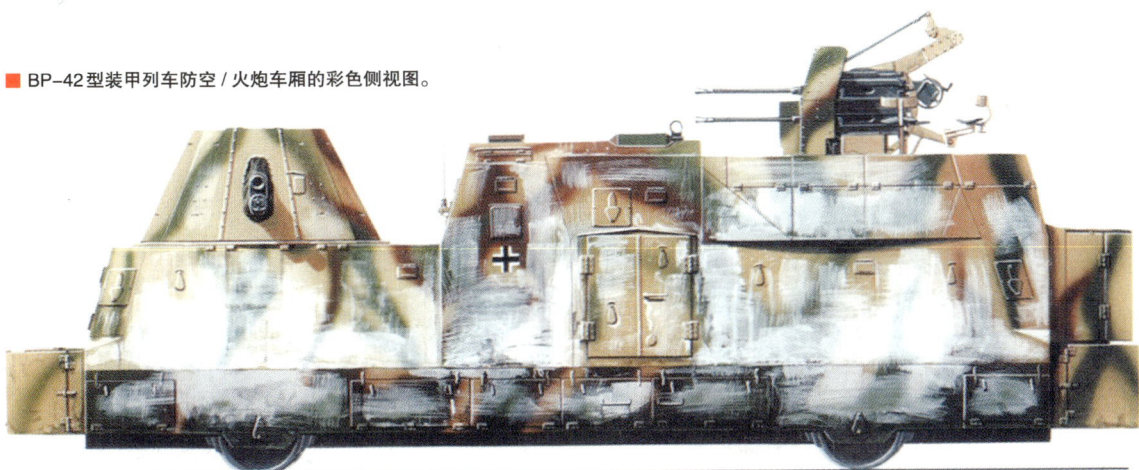

■ BP-42型装甲列车的指挥车厢彩色侧视图。

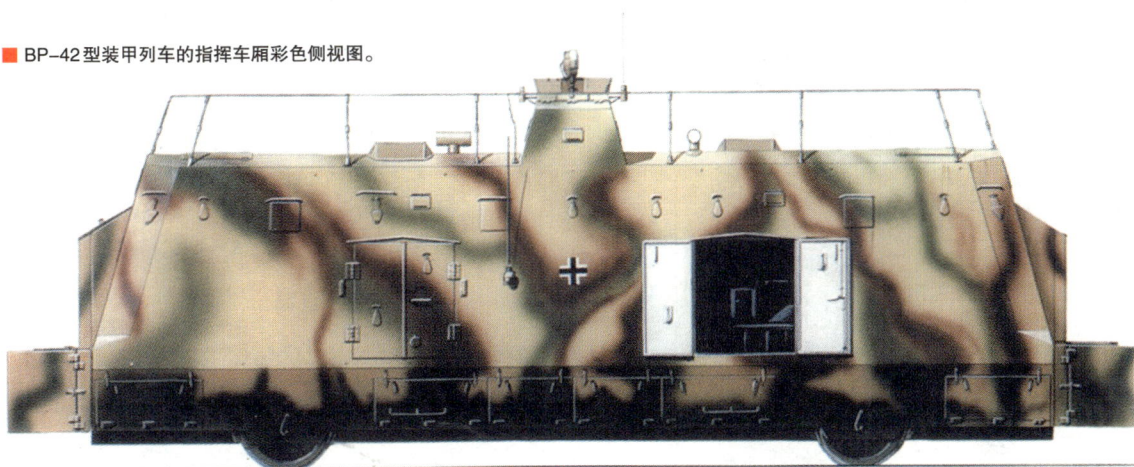

■ BP-42型装甲列车的火炮车厢彩色侧视图。

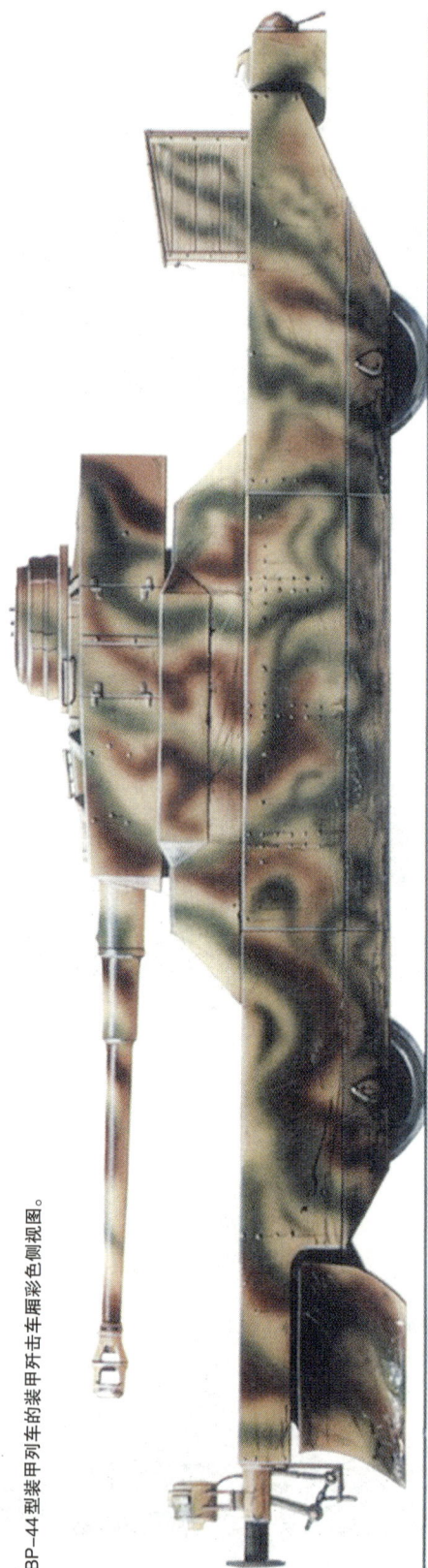

■ BP-44型装甲列车的装甲歼击车车厢彩色侧视图。

■ BP-42型装甲列车的坦克搭载车厢彩色侧视图。

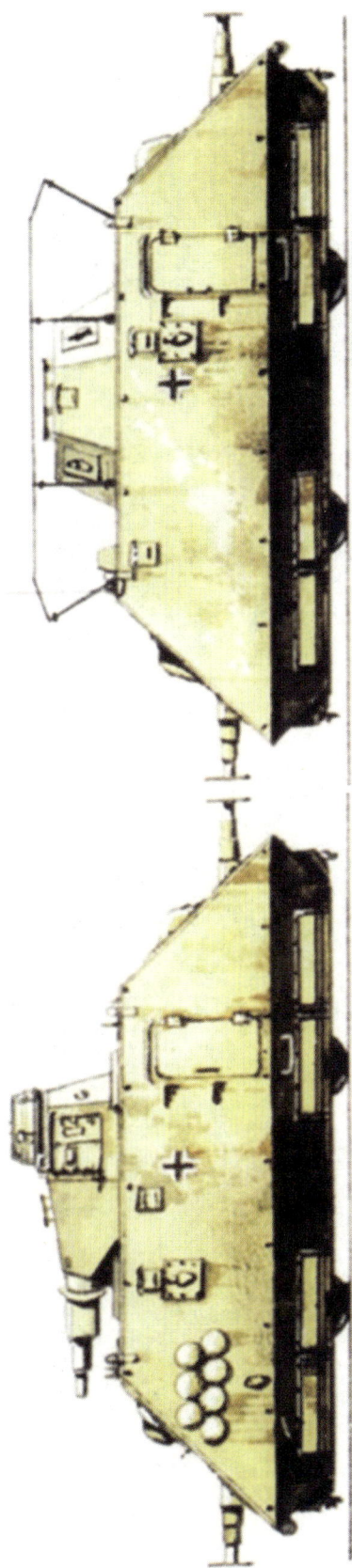

■ 重型铁路侦察车的彩色侧视图。全车采用标准的沙黄色涂装，在车体侧面中央涂绘铁十字标志，其中左侧为火炮运载车，右侧为指挥车。

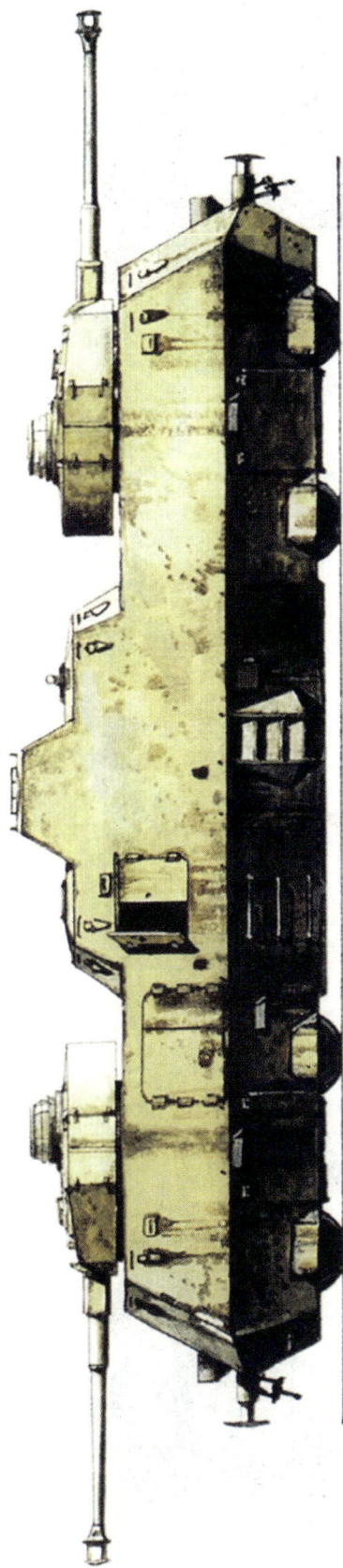

■ 斯太尔公司在二战末期生产的装甲歼击轨道车的彩色侧视图。该车尚未交付部队德国便宣告投降，车体只喷涂了基本的沙黄色底漆。

■ 第16号装甲轨道车的彩色侧视图。该车配备2座BP-42型装甲列车的旋转炮塔。

■ 1944年在巴尔干地区作战的ALn-56型装甲轨道车的彩色侧视图。展现了该车的三色迷彩图案，注意该车中部没有安装防空塔。

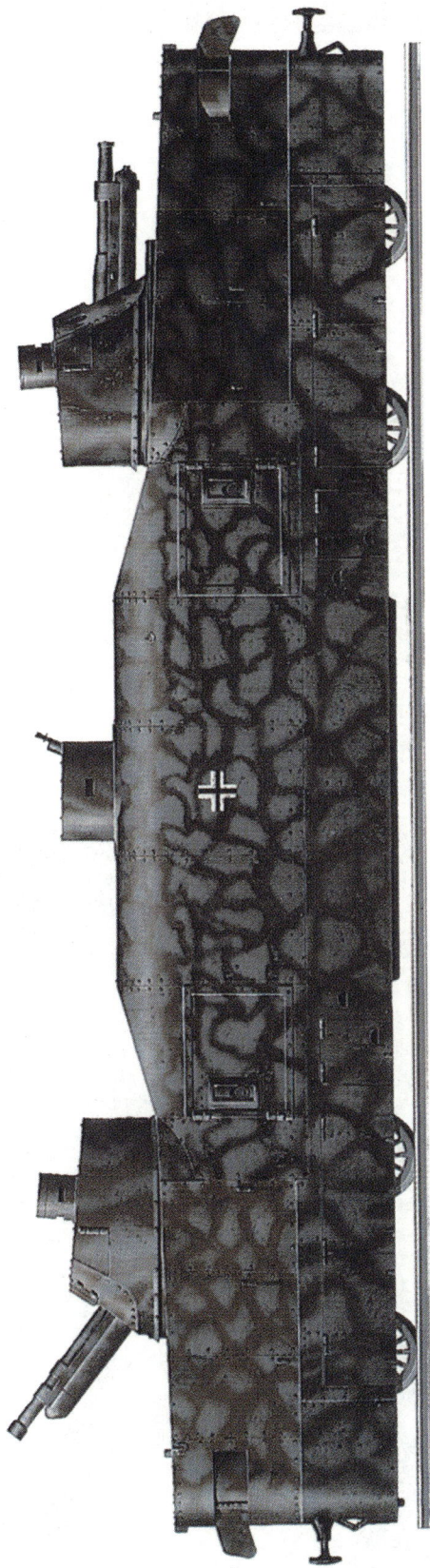

■ 上图是编入德军第 10 号装甲列车的波兰制火炮车厢彩色侧视图。此时车厢上喷涂了迷彩图案和铁十字标志。

■ 下图是经过改进后的第 10 号装甲列车的波兰制火炮车厢。此时车顶的防空塔被换成与德军 III 号和 IV 号坦克相同的指挥塔，炮塔上的指挥塔也被取消了，车厢上的机枪全部换成德制 MG 34 型机枪，取消了车厢首尾的机枪塔。此外加装了冬季取暖装置，车厢首尾的连接挂钩也增加了装甲保护。图中显示了该车 1943 年初参加斯大林格勒战役时的涂装。

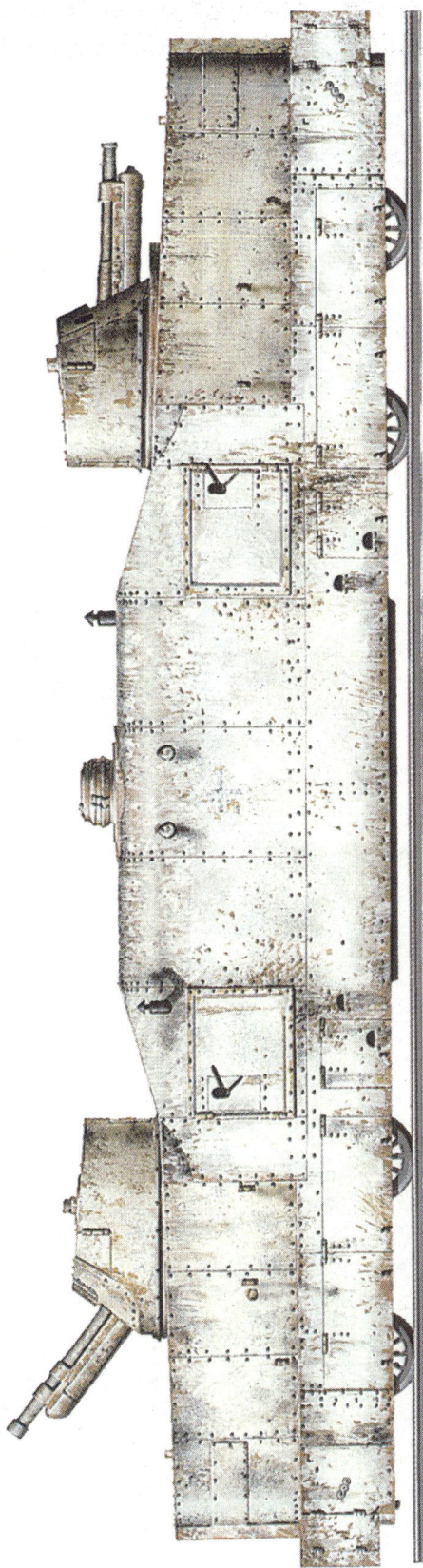

现存于博物馆内的二战德军铁路战斗车辆

■ 上图是1列BP-42型装甲列车的火炮车厢。旋转炮塔上的火炮似乎已经被拆除，可以辨别出车体折角处的机枪射孔。

■ 下图是第16号装甲轨道车与BP-42型装甲列车装甲车厢的连接处。车厢间的连接装置可以快速解脱。

■ 上图是第16号装甲轨道车的指挥塔近景特写，可以看到狭窄的观察缝。

■ 下图是第16号装甲轨道车的炮塔与车体相邻处的特写照片。这个位置设有一个通道，便于炮塔和车体的成员进行联系沟通。

■ 上图是第16号装甲轨道车配备的苏制76.2毫米 FK295/1（r）型野战炮。安装在 BP-42型装甲列车的标准炮塔内。

■ 下图是第16号装甲轨道车车体侧面照片。该车的侧面装甲厚度达到100毫米，远远超过德军其他型号的铁路战斗车辆。

■ 上图是从另一个角度拍摄的第16号装甲轨道车的炮塔，可以观察到炮塔侧面的机枪射孔。

■ 下图是BP-42型装甲列车的火炮车厢的顶部照片。

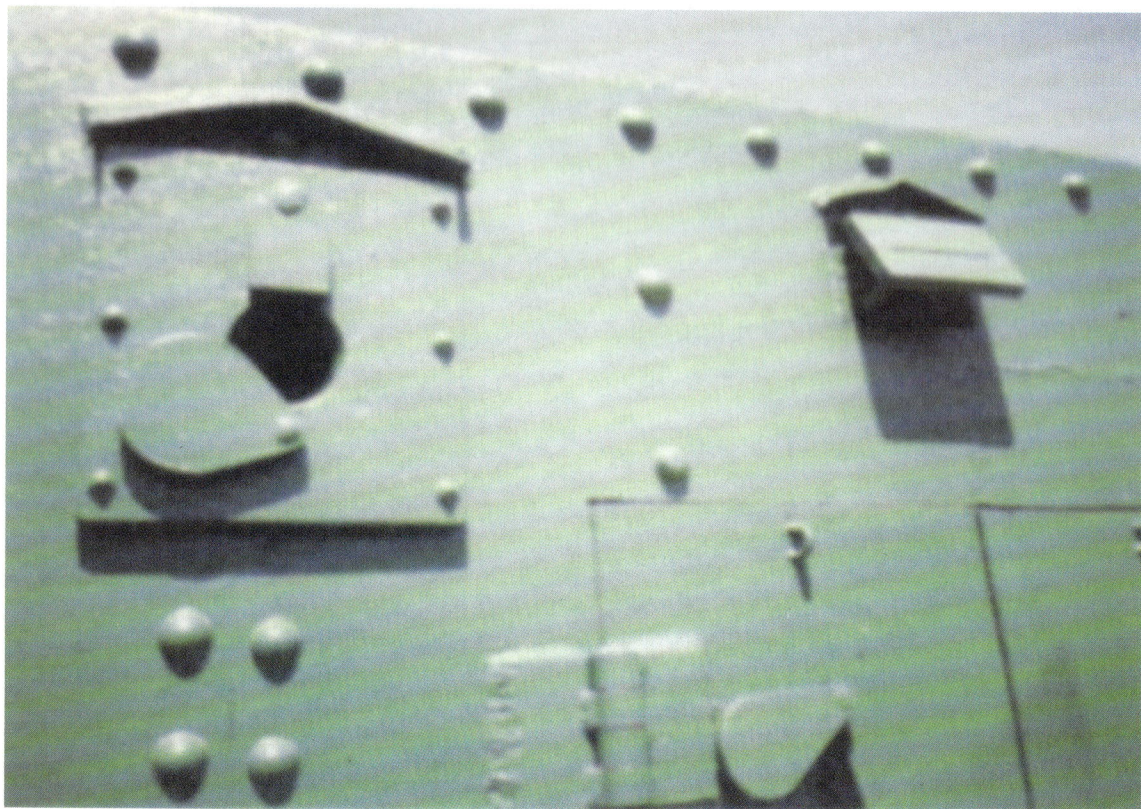

■ 上图是 BP-42 型装甲列车火炮车厢的轻武器射击孔和观察孔特写照片，均装有可开合的盖板。

■ 下图是 BP-42 型装甲列车火炮车厢（左）和16号装甲轨道车（右）。火炮车厢上装有2座炮塔，可能是战后加装了一座炮塔。

■ 上图是 BP-42 型装甲列车火炮车厢的内部照片，可以看到舱门上开启的轻武器射击孔。

■ 下图是第16号装甲轨道车的炮塔与车身连接部的照片，从外观看车辆的保养状况相当不错。

■ 上图及下图是收藏在欧洲某军事博物馆内的德军轻型铁路侦察车。左图这辆车体锈迹斑斑，缺乏保养，而下图这辆外观要好得多。目前存世的该型车辆非常稀少。

二战德军装甲列车部队车组成员彩绘

■ 1944年至1945年在意大利和巴尔干地区作战的第30号装甲列车的车组成员，身穿特制的皮外套。

■ 1941年至1942年冬担任第31号装甲列车指挥官的津博夫斯基少尉，身穿黑色装甲兵制服。

■ 1943年至1944年在东部前线第64号装甲列车搭载的捷克制38（t）型坦克的车长。

■ 1942年在东部前线的第28号装甲列车的指挥官。身穿类似于热带制服的卡其色制服，脖子上围着显眼的红格围巾。

德军装甲列车战场写真集

■ 上图是二战爆发前夕加入德军部队服役的第1号装甲列车。该车原为德国铁路部门的铁路护卫列车，其装甲车厢是由普通货运车厢在内部加装防弹钢板改装而成，采用57型蒸汽机车牵引，仅在机车驾驶舱敷设了少量防护装甲。

■ 左图是1941年6月22日"巴巴罗萨"行动开始时正德方一侧待命的第3号装甲列车。

■ 上图及下图是苏德战争爆发时参加作战的德军装甲列车。上图为第2号装甲列车，该车配备了缴获的捷克装甲火炮车厢。下图为第26号装甲列车该车为"巴巴罗萨"行动前夕服役的宽轨装甲列车之一。

■ 下图是第6号装甲列车的1门75毫米火炮及其炮组成员。摄于1941年夏季该车在波罗的海沿岸作战期间。

■ 上图是"巴巴罗萨"行动开始后第1号装甲列车越过边境进入苏联境内。

■ 左图是1941年夏季在苏联某座火车站，第30号装甲列车搭载的索玛S35型坦克正在警戒。这幅照片清晰显示了坦克车体后部引擎散热窗的细节。

■ 上图是1941年夏季在列宁格勒前线，一辆索玛 S35型坦克正从第30号装甲列车的坦克搭载车厢上驶下。

■ 右图是第4号装甲列车的火炮车厢近照。在其前部的旋转炮塔内安装1门37毫米火炮。

■ 下图是德军装甲列车的步兵车厢内景。随车步兵随意地坐在车厢地板上，显得十分拥挤，但他们的表情都显得比较轻松。

■ 上图及下图是德军装甲列车上四联装20毫米高射炮的特写照片。注意炮位四周带有铰接结构的装甲护板，在必要时可以放下。

■ 上图是德军某铁路护卫列车上装备的单装 Flak 38 型 20 毫米高射炮。该炮是二战时期德军的标准小口径高射炮。

■ 下图是带有火炮防盾的单装 Flak 38 型 20 毫米高射炮，同样安装在某列铁路护卫列车上。

■ 第6号装甲列车的炮手们在操作1门 Flak 38型20毫米高射炮，这门火炮被简单地安装在1节平板车厢上，在火炮背后有一名炮手正在使用便携式测距仪进行观测，在背景中还能看到火炮 车厢上的1门75毫米火炮。

■ 上图是第6号装甲列车的75毫米火炮。摄于1941年的东部前线，直到战争后期，这列老式装甲列车的火炮仍然安装在开放式炮位中。

■ 下图是第1号装甲列车火炮车厢上装备的1门奥地利制47毫米反坦克炮，其后方还有1门德制20毫米高射炮。摄于1941年至1942年冬季该车在东线作战期间。

■ 上页及本页的照片均为苏德战争初期隶属于南方集团军群的宽轨辅助装甲列车，其编号不详。这列列车上搭载了克莱斯特装甲集群的第3铁路工兵团第3连的全体官兵。从图中看见该列车由缴获的苏军装甲车厢构成，编有2节装甲火炮车厢和一台O型装甲机车，在列车首尾加挂数节顶部敞开的步兵车厢。值得注意的是在对页下中可见火炮车厢的一座炮塔没有安装火炮。本页右图显示了列车前部的简易步兵车厢。其步兵隐蔽在厚厚的护墙之后，护墙采用装甲板中央填充沙土或水泥的复合结构，车厢上部署了MG 34型机枪，在其最前端的车厢上还安装了1门37毫米反坦克炮。

■ 上图是1941年至1942年冬季，配属于德军北方集团军群的第6号装甲列车在巴特斯卡亚－下诺夫哥罗德一线执行巡逻任务。

■ 上图及下图是第28号装甲列车停在一座桥上，车组成员使用人力水泵抽取河水为装甲机车加水。这项工作费时费力，而且混浊的河水加入机车后还会严重影响锅炉的寿命和功率，因此这是在无法找到加水点时的应急措施。

■ 上图是一队全副武装的德国步兵从第28号装甲列车旁边走过。注意该装甲列车此时使用缴获的苏制装甲机车牵引。

■ 上图是1942年在东线作战的德军第4号装甲列车。该车在苏德战争初期配属于南方集团军群，1942年7月调入中央集团军群，后来又在1945年1月调往巴尔干，并在那里迎来了战争结束。

■ 下图是第21号装甲列车使用的波兰制火炮车厢。摄于1942年的东线战场，注意其车厢的弧形车顶结构和多面体观察塔。

■ 上图是在1942年2月的严冬中，第1号装甲列车在斯摩棱斯克至维亚济马的铁路线上巡逻。

■ 上两图及下两图是德军为入侵苏联而建造的宽轨装甲列车。因其存在诸多缺陷而备受德军批评，特别是其敞开式步兵车厢，防护差不说，更无法抵御苏联的严寒。工程师们尝试利用缴获的苏制装甲列车来对其加以改进，最成功的例子是第28号装甲列车。上面的两幅图片为战争中期（上）及战争后期（下）的第28号装甲列车，从上图中可见该车的火炮车厢配备了2座BP-42型列车的炮塔，从下图中可见其火炮车厢更换为单炮塔的型号，同时增加了装甲歼击车厢。左下图是第26号装甲列车的苏制装甲车厢，配备了一座四联装20毫米高射炮。右下图是第27号装甲列车在1942年初配属的1节苏制BP-35型装甲列车的火炮车厢。

■ 1942年初，第27号装甲列车在苏切尼斯基地区遭受重创，后利用缴获的苏制 BP-35 装甲列车的车厢在罗斯拉夫尔重编并恢复了战斗力，上图是第27号装甲列车在1942年2月22日被配属于第83步兵师后抵达大卢基地区时的留影。

■ 上图是1942年3月在奈维尔至大卢基铁路线上巡逻的第3号装甲列车，注意其新型火炮车厢。4月22日，第3号装甲列车遭遇游击队袭击，导致列车前部的车厢脱轨，如右图所示。5月15日，该车再度遇袭受损，丧失战斗力，被拖回后方修理。

■ 1942年4月22日，第3号装甲列车在东线战场上因铁轨遭到游击队破坏而出轨倾覆，有一半的车厢受损，全车丧失战斗力，德军花费了一个月时间才将现场清理完毕，将列车残骸拖回后方修理。本页组图为翻倒的车厢（上）和残骸清理现场（下两图）。

■ 上图是1942年5月编入中央集团军群的第25号装甲列车。该车由缴获的捷克装甲列车改装而成。

■ 上图是1942年10月,由法国调来的第21号装甲列车抵达东部前线。该车由缴获的波兰装甲车厢编组而成。

■ 下图是1942年8月底,第51号装甲列车抵达北方集团军群战区。注意其火炮车厢搭载的苏制 BT-7型坦克炮塔。

■ 上图是第 28 号装甲列车前部的坦克搭载车厢。车厢上搭载了一辆法制索玛 S35 型坦克。

■ 上图是 1942 年 7 月初，配属于南方集团军群的第 4 号装甲列车在舒科夫卡火车站停留时的留影。该车即将被调往布良斯克执行反游击作战。值得注意的是列车前部的平板车厢上前后布置了 2 座八角形装甲炮塔，在炮塔内各布置了 1 门 47 毫米反坦克炮和 1 门 IG18 型 75 毫米步兵炮。这节改装火炮车厢之前还有 1 节平板车厢，可能为清障车厢，在这 2 节平板车厢后的装甲车厢上安装有 1 门 20 毫米高射炮，德军装甲列车在战争中经常会进行此类的临时改装。

■ 下两图均为德军装甲列车遭遇伏击的现场照片。左图为第 4 号装甲列车被埋设在铁轨下的炸弹炸毁的车厢。右图是 1942 年 12 月 12 日在维亚济马地区遭遇同样厄运的第 1 号装甲列车。

■ 本页的三幅照片均为配属于南方集团军群的装甲列车。上图是老旧的第7号铁路护卫列车，从外观上看与普通货运列车几乎没有区别。中图是第10号装甲列车，下图是第11号装甲列车的火炮车厢。这些装甲列车在东线南部战区经历了一系列恶战，先后在顿涅茨、坦瑟、斯大林格勒以及顿巴斯地区转战，曾一度陷入苏军包围圈。

■ 1942年12月在苏联大卢基地区作战的第3号装甲列车。此时该车已经配备了装有四联装20毫米高射炮和长身管75毫米炮的新型火炮车厢。

■ 下图是1942年秋季第28号装甲列车在东线中部某个火车站停车。这幅照片显示了该车使用的苏制装甲车厢的顶部特征，注意图中车组成员身旁架设的马克沁重机枪，用于对空射击。

■ 下图是一幅非常罕见的照片，展示了第28号装甲列车搭载的索玛 S35 型坦克的正面。图片中央带有弹簧结构的三角形支架是车厢一端装卸跳板的升降装置，一名车组成员站在坦克旁边用望远镜观察情况。

■ 德军在"巴巴罗萨"行动中缴获了2列原属于波兰军队的苏军装甲列车，并将其改造后重新编入部队，共同组成第10号装甲列车，后来又将其分开编为第10号和第11号装甲列车。上图及下图拍摄于1942年冬季。上图是第10号装甲列车，下图是第11号装甲列车。刚投入战场时这2列装甲列车都配备了德制57系列机车，后来换为带有防空塔的苏制 BP-35型装甲机车。

■ 下图是1942年10月在东线战场作战的第21号装甲列车。该车由1939年缴获的波兰装甲车厢改装而成，从图中可见该车此时配备了带方形装甲护盖的德制机车。

■ 上图及下图是德军装甲列车部队装备的波兰制火炮车厢。在战争前期，德军利用缴获的波兰装甲车厢先后编组了4列装甲列车，分别是第10、11、21和22号装甲列车，其中第10、11号使用了从苏军手中缴获的波兰车厢。

■ 上图及下图是被德军缴获后改装的苏制装甲火炮车厢。上图是第1号装甲列车配备的火炮车厢，下图是第26号装甲列车配备的火炮车厢。这2节车厢的前后炮塔配置了不同型号的武器，前部较低位置的炮塔内安装的是1门苏制76.2毫米野战炮，而后部较高位置的炮塔内安装的是1门波兰制100毫米榴弹炮。

■ 下图是1943年到1944年间，德军先后将7辆缴获的苏军装甲机动炮车进行改装后作为装甲轨道车重新服役，命名为第17～23号装甲轨道车，改装内容包括更换发电机、电台及火炮的旋转机构，下图就是其中一辆装甲轨道车，注意车体的迷彩图案。

■ 右图是在1941年底或1942年初被德军缴获的苏制 D-2 型装甲列车。该型列车原属于苏联内务部，在战争前夕苏联内务部队拥有12列装甲列车。图中这列列车随后被编入德军部队继续服役。

■ 右图是1942年11月在维亚济马作战的第27号装甲列车。该车曾在战斗中受损，后来使用缴获的苏军装甲车厢重新编组。

■ 右图是1942年12月10日在维亚济马附近被苏军破坏的德军第1号装甲列车。

■ 上图及下图是1列被德军缴获后重新使用的苏制装甲列车，命名为"波尔卡"号。该车装备了 OB 系列装甲机车，从上图中可见机车前方的防空车厢加装了一个六角形的装甲防空塔，配备一座双联装 MG 34 型机枪。下图是该车前部拖挂的火炮车厢，安装了2座 T–34/76 型坦克的炮塔，其配备的 76.2 毫米坦克炮是一种颇有威力的武器。

■ 在执行反游击任务时，要甄别游击队员和平民是十分困难的，德军采取的办法是在重要铁路沿线设置哨所，将铁路两侧的树木清除，开辟出足够距离的开阔地带，使游击队无法隐蔽地靠近铁路，铁路护卫列车将在铁路上往返巡逻，任何靠近铁路的可疑人员都一律逮捕，然后进行审讯甄别，下图是铁路护卫列车"波尔卡"号正接近一处哨卡，准备将逮捕的可疑人员押回车站审讯。

■ 上图是德军铁路护卫列车"波尔卡"号防空车厢的简易防空塔特写照片。这座防空塔呈六角形，安装一座双联装 MG 34 型机枪。

■ 下图是第 16 号装甲轨道车。在该车前后各加挂了 1 节装甲歼击车厢，该车厢是在平板车厢上固定一辆拆除行走装置的 T–34/76 型坦克。

■ 上图是1列铁路护卫列车在铁路修复现场执行警戒任务，图中可见列车车厢上搭载的37毫米反坦克炮处于警戒状态，炮手身旁还放有一支毛瑟98K型步枪，列车前端的清障车厢上还覆盖有一面用于对空识别的纳粹卐字旗。

■ 下图是在铁路修复现场，一队德军铁路工兵合力将一根备用铁轨抬到铁路受损的地方，这绝对是一个重体力活。在照片右侧可以看到1列装甲列车的车厢，在执行任务时装甲列车会携带一些备用材料用于修复遭到破坏的铁路。

■ 上图是 1 列装甲列车的随车工兵在抢修遭到游击队员破坏的铁路。通常情况下装甲列车在清障车厢上会装载备用枕木和铁轨，以应对突发状况，及时修复受损铁路对于确保交通畅通和装甲列车的机动能力都非常重要。

■ 下图是 1942 年 11 月 10 日，第 1 号装甲列车遭到苏军的空袭被严重破坏。此前该车在某次战斗行动中已严重受损，丧失了行动能力。后来，该车在柯尼斯堡的 RAW 工厂中恢复了作战能力，被德军重新投入战场。

■ 由于前方铁路线遭到游击队的破坏，一名德军士兵在轨道边的红色警示牌旁边挥舞红旗，截停1列正在行驶的德军列车，以免发生事故。尽管德军严加防范，派出装甲列车日夜巡逻，但始终无法阻止游击队对铁路线的袭击。

■ 1列铁路护卫列车的车组成员对一名身份可疑的苏联平民进行检查。注意正在搜身的德军士兵携带了一支 MP 40 型冲锋枪。

■ 1列德军装甲列车在东线占领区的一座车站上停留。近处可见车站警戒哨所的一角，一名背着步枪的哨兵在站岗，他身边安放着一挺缴获的苏制马克沁重机枪，在掩体边沿还有一枚长柄手榴弹。

■ 1943年，一位坦克车长在他的捷克制38（t）型坦克的炮塔上留影。这幅照片清晰地显示了38（t）型坦克的37毫米炮和铆接式装甲结构。德军在吞并捷克斯洛伐克时缴获了相当数量的38（t）型坦克，一度将其作为主力装备。在1942年之后，装甲贫弱、火力薄弱的38（t）型坦克逐渐退居二线，部分该型坦克被配属装甲列车，从事反游击作战，其机动性优良，火力和防护等特点也足以对付缺乏重武器的游击队。

■ 上图是一处因游击队破坏导致的列车出轨事故现场。由于铁轨被游击队拆除，这辆57型蒸汽机车翻倒在路基上。下图是在罗斯拉夫尔至布良斯克铁路线上，一辆56-2420型蒸汽机车被游击队埋设的炸弹炸翻。

■ 下图是在罗斯拉夫尔地区遭遇游击队伏击而翻下路基的55-4321型蒸汽机车。

■ 上图是被德军强征的苏联工人准备对一辆因游击队破坏而出轨的 57 型蒸汽机车进行救援。摄于卢勒尼克地区。

■ 下图是德军征召的苏联铁路工人在一处事故现场抢救遭到破坏的 52–019 型蒸汽机车。这些工人来自西乌克兰的索比纳夫火车站。

■ 上图是1942年一辆法制潘哈德铁路装甲车在在罗斯拉夫尔至布良斯克铁路线上执行警戒任务时在拉谢尼查车站停留。此时该车安装了铁路轨轮，可以在铁路上行驶。左图是一辆潘哈德装甲车换上常规轮胎后搭载步兵在公路上行进。这种装甲车能够灵活地转换行进方式，在配属装甲列车作战时非常有价值。

■ 装甲列车在执行反游击任务时经常要派出步兵部队在铁路沿线进行扫荡。上图是1942年冬季，第4号装甲列车派出的步兵分队在布良斯克以西的丛林雪地中执行清剿游击队营地的任务。右图是第1号装甲列车的随车步兵在中央集团军群后方的沼泽地搜寻游击队的踪迹。

■ 上图及下图反映了第2号装甲列车在东线作战期间遭遇的一次险情：上图是一座被游击队炸毁的铁路桥，由于及时发现第2号装甲列车没有从桥上通过，避免了一场严重事故。装甲列车由于体积庞大，行动迟缓，又受轨道的限制，在应对小股游击队的袭扰时难以应付，因此装甲列车在行动时会使用搭载的坦克、装甲车支援步兵进行侦察和支援。

■ 上图是被游击队员放置的遥控地雷炸毁的第 3 号装甲列车的装甲机车。

■ 下图是 1943 年 10 月 7 日德军正在抢修因为游击队破坏而出轨倾覆的第 21 号装甲列车。

■ 上图是1942年至1943年冬季，一支由德军装甲列车派出的步兵分队踏着齐膝深的积雪在布良斯克西北地区的森林中搜索游击队。

■ 下图是1942年春季，第3号装甲列车派出的一支迫击炮分队在大卢基地区与游击队作战。

■ 上图是第2号装甲列车的随车步兵在执行扫荡任务时发现一座隐藏在森林深处的游击队营地并将其捣毁。

■ 下图是三名在沃尔霍夫地区被俘获的苏联游击队员被押往德军司令部受审，他们坐在1列装甲列车的清障车厢上。

■ 在铁路线遭到游击队的破坏后，德军不仅对游击队进行扫荡清剿，还会强迫附近的苏联平民协助修复铁路，甚至连妇女都不放过。上图是一群被强征的苏联妇女在一辆德军装甲列车的监视下进行铁路维修工作。

■ 德军在进行反游击战时实施残酷的焦土政策，将游击区边缘的村庄烧毁，被怀疑帮助游击队的村民被投入集中营，使游击队无法得到物资和人员的补充。下图是一支德军部队在清剿行动中纵火焚烧村庄。

■ 右图是1942年春季第3号装甲列车在奈维尔至大卢基铁路沿线的清剿行动中俘获的苏军游击队员。

■ 下图被德军公开屠杀的游击队员和苏联平民。德军以这种残忍的方式恐吓占领区的民众，以维持占领区的治安。

■ 1列在东线作战的装甲列车在车站利用加水设备为机车加水。在苏联战场上很少有车站配备完备的加水设备，而且煤炭品质相对低劣，这些因素给德军装甲列车的行动带来了额外的困难。

■ 上图及下图是 1 列编号不明的 BP-42 型装甲列车在东部前线的留影，分别展示了列车两端的火炮车厢。炮塔内安装的是 76.2 毫米火炮。

■ 左图是德军装甲列车的机车驾驶舱内景。一名头戴耳机的司机正全神贯注地操纵机车，他要随时听取列车指挥官的指令。

■ 下图是1列 BP-42型装甲列车的防空车厢上，德军炮组成员正在操纵一座四联装20毫米高射炮准备开火。

■ 右图是 BP-42 型装甲列车的指挥车厢内景照片。两名无线电员在聚精会神地收发电讯，注意他们身后打开的舷窗，在战斗时可以用滑动的装甲舱盖封闭。

■ 在装甲列车使用车载火炮为友军部队提供火力支援时，有时需要在车外的有利位置建立炮兵观察哨，为装甲列车指引火力。下图就是一处装甲列车派出的炮兵观察哨。右侧的观察员使用望远镜和炮队镜观察情况，左侧的通信兵则用无线电向装甲列车通报射击诸元。

■ 本页上三图均为第21号装甲列车的战时留影。该车先后在法国和东线战场服役，配属于中央集团军群和北方集团军群，在1944年7月被击毁，上数第三图为该车的52号6233型蒸汽机车，其机车始终没有安装防护装甲，以裸奔状态度过了整个服役生涯。

■ 下图是在东线作战的第51号装甲列车。拍摄时间和地点不明，该车安装了苏制BT-7型坦克的炮塔。

■ 上图是1942年5月在后方执行反游击任务的第25号装甲列车。该车配备的主要武器为捷克制斯柯达75毫米 D-28型野战炮，该炮被安装在火炮车厢的装甲围栏内。该车的坦克搭载车厢上装载着一辆法制索玛 S35 型坦克。

■ 上图是第11号装甲列车在东线战场的留影。该车原为第10号装甲列车的一部分。从车厢的涂装判断可能摄于1943年或1944年冬季。

■ 下图是1944年春季的第22号装甲列车。当时该车仍驻守在法国占领区，当盟军在法国南部登陆后，该车撤回德国，随后调往东线。

■ 上图是由"斯德丁"号铁路护卫列车改装而来的第51号装甲列车。该车使用缴获的苏制车厢编成，其火炮车厢上安装了2座BT-7型坦克炮塔，炮塔上配备45毫米坦克炮，使用德制38型装甲机车牵引。

■ 左图及下图是"布吕歇尔"号铁路护卫列车的火炮车厢。该车于1944年改为第52号装甲列车。该车的火炮车厢最初安装了2座炮塔，前部炮塔为T-34/76中型坦克炮塔，后部炮塔为T-70轻型坦克炮塔，如左图所示。后来前部炮塔换为IV号H型坦克炮塔，而后部炮塔改为可以360度旋转的装甲指挥塔。在指挥塔后方还加装了一座四联装20毫米高射炮，如下图所示。

■ 下图是1944年在东线作战的第52号装甲列车。注意其火炮车厢上的迷彩图案和呈背负式布局的苏制坦克炮塔。

■ 上图是第28号装甲列车的1节改造火炮车厢。该车厢装备了1门缴获的苏制 M1942型76.2毫米野战炮，在车厢顶部上还配备了一座大功率探照灯。第28号装甲列车于1944年6月29日在鲍里索夫被苏军击毁。

■ 上图是德军第83号装甲列车的 WR 360 C14型装甲机车，摄于1944年初。该型装甲机车主要用于牵引 BP-42型和 BP-44型装甲列车，第25号装甲列车也曾使用该型装甲机车。

■ 下图是经过升级改造后的第30号装甲列车，装备了新的装甲歼击车厢。该车于1944年8月被派往华沙前线。

■ 上图是1943年6月19日，第63号装甲列车的三名士兵在与游击队的作战中负伤，被用简易担架抬回列车，准备送往后方医院治疗。

■ 下图是1943年11月，第68号装甲列车在别列津纳河以南的一次行动中成功解救了一支被围的友军部队。图为该车搭载着突围的德军官兵向后方撤退，注意背景中可见20毫米高射炮处于平射状态。

■ 上图是 1943 年至 1944 年冬，第 63 号装甲列车的指挥官维斯维赫中尉从指挥车厢顶部的舱口探身观察。注意他身边的探照灯。

■ 下图是 1944 年春，第 61 号装甲列车（左）和第 67 号装甲列车（右）在波洛茨克至维捷布斯克的铁路线上相遇。注意近处清障车厢上堆放的备用铁轨，坦克搭载车厢上并未装载坦克。

■ 上图是1944年春季在意大利里埃拉海岸执行巡逻任务的第24号装甲列车。注意近处观察员舱口的舱盖为左右水平开启。

■ 对页上图是在冬季的东线战场上，1列用植被严密伪装的 BP–42 型装甲列车掩护一支步兵部队沿铁路线行进。

■ 对页中图是第71号装甲列车（左）在东线南部战区作战时偶遇1列隶属于德国空军的防空装甲列车（右）。

■ 下图是配备多门88毫米高射炮的德国空军防空装甲列车。该车不仅能有效抵御苏军飞机的袭扰，在应对地面战斗时也是威力十足。在实战中，德国空军的防空装甲列车时常与属于陆军装甲部队的装甲列车配合作战。

■ 上图是1944年3月11日，第30号装甲列车在尼古拉耶夫以北的拉新卡（Lozinko）发生事故。该车因操纵失误与另1列火车相撞，其清障车厢因撞击而翻起，倒扣在坦克搭载车厢上，搭载的捷克38（t）型坦克像三明治一样被夹在中间。

■ 下图是1列德军装甲列车的火炮车厢在与苏军坦克部队的交战中被击伤。该车车体中部的深色痕迹就是被坦克炮弹击穿后留下的，装甲列车的装甲厚度有限，不足以抵御苏军坦克的攻击。

■ 上图是第67号装甲列车的炮塔被一枚大口径炮弹直接命中后的惨状。炮塔内的弹药发生殉爆，炮塔的装甲也被炸裂了。

■ 下图是第7号装甲列车的两名军官与一只小狗在炮塔上合影。从炮塔外形看应摄于升级改装，该车于1945年4月被击毁于摩拉维亚。

■ 上图是1列德军装甲列车从铁路沿线一处德军据点旁驶过。这处据点是利用居民点改建的，在民居周围修建了护墙。

■ 上图及下图是第66号装甲列车搭载的38（t）型坦克支援步兵对游击队展开扫荡。图中的村庄因被德军怀疑帮助游击队而被全部焚毁。

■ 德军残酷的清剿行动招致苏联游击队更猛烈的回击。随着战争的推进，游击队的战斗力不仅没有被削弱，反而越战越强，他们的武器和战斗技能也得到极大提升，德军装甲列车成为他们首选的袭击目标。右图是第66号装甲列车配属的捷克38（t）型坦克被游击队员布设的反坦克地雷炸瘫在公路上。下图是在与游击队的作战中负伤的第66号装甲列车的车组乘员。

■ 上图是1944年初的德军第7号装甲列车。该车外形还保留有普通货运列车的特征，请注意车厢顶部配置的75毫米02/26(p)型野战炮。

■ 下图是1943年至1944年冬季在克罗地亚占领区，第64号装甲列车搭载的步兵正跳下车厢向游击队展开攻击。

■ 1944年3月正在行进的第62号装甲列车。注意其坦克搭载车厢上的捷克38（t）型坦克覆盖着迷彩雨布。

■ 上图是 1944 年初春，配属于北方集团军群的第 51 号装甲列车正驶入一处车站。该车原为"斯德丁"号铁路护卫列车，1942 年 6 月改为正规装甲列车，从图中可以看到该车装甲车厢顶部安装的 T-34 型坦克炮塔。

■ 下图是 1944 年 4 月底，在波洛茨克接受长官视察的装甲列车指挥官们，右起第二人为第 67 号装甲列车指挥官霍普中尉，右起第三人为第 2 号装甲列车团团长冯·蒂尔海姆中校，右起第五位是第 26 号装甲列车指挥官菲舍尔上尉，最左边的是第 72a 号装甲指挥列车指挥官楚思少尉，背景中的装甲列车是第 26 号装甲列车。

■ 上图及下图均是1944年春季第1号装甲列车在执行反游击任务时拍摄的战地照片。上图为该车配属的捷克38（t）型坦克准备配合步兵对一处可能藏有游击队的村庄展开扫荡。下图为德军在清剿村庄后放火烧毁房屋。

■ 上图及下图是1944年5月，第62号装甲列车在斯坦尼斯拉斯以南地区作战的战地照片。当时该车参加了重新夺回克拉佩林火车站的战斗。上图中一枚苏军炮弹就在列车车厢近处爆炸，不过炮弹破片并不会对装甲车厢造成威胁。下图为装甲列车的火炮车厢进行夜间射击时的场面，炮口的火光将整个车厢的轮廓清晰地映衬出来。

■ 上图是 1944 年夏季一群苏联官兵饶有兴趣地检查他们的战利品：一辆配属于某德军装甲列车的法制潘哈德式铁路装甲车。

■ 下图是战争后期，一队苏军哥萨克骑兵在检查一辆被击毁的德军 BP-42 型装甲列车。自从 1944 年 3 月之后，类似的场面越来越多地出现在战场上，德军装甲列车部队的损失不断增加。

■ 1944年8月16日，配属于北方集团军群的第3号装甲列车遭遇袭击损毁，上图为遇袭现场。左图是该车被击毁的装甲歼击车厢。在战争后期，第3号装甲列车也进行了升级改装，配备了装甲歼击车厢，以提升反坦克能力，下图就是该车的装甲歼击车厢，从其炮塔基座的斜面装甲造型判断为后期型装甲歼击车厢。

■ 上图是1列标准的
BP-42型装甲列车在伦
贝尔图夫基地的射击场
上进行射击训练。远处
可以看到炮弹爆炸产生
的烟尘。

■ 右图及下图是1944
年10月第76号装甲列
车在米洛维采基地进行
实战演习时拍摄的照片,
展示了装甲列车的战斗
状态。上图是列车搭载
的38(t)坦克和装甲歼
击车厢的75毫米坦克炮
向目标开火。下图是列
车的火炮车厢和装甲歼
击车厢进行齐射。

■ 上图是1945年春季，1列德军装甲列车的步兵跳下车厢，准备在车载火炮的支援下向逼近的苏军部队展开反击。

■ 下图是战争末期，1列在东线作战的德军装甲列车在夜间使用轻重武器向进攻的苏军猛烈开火，在黑夜中划出一道道闪亮的光束。

■ 上图是战争后期1列德军铁路护卫列车的防空车厢。可见是在普通货运车厢的顶部安装一座四联装20毫米高射炮。

■ 上图是1945年2月初，刚出厂的第77号装甲列车驶抵波美拉尼亚前线。2月27日该车在布勒利茨被苏军击毁。

■ 左图是1945年4月，被美军俘获的1列德军空军防空列车。该车在车厢上搭载了钢筋混凝土结构的圆形防空塔，每个防空塔内均安装了一座三联装 MG 151型30毫米机关炮。

■ 上图是1945年5月9日德国宣布投降后，第303号装甲巡逻列车和第30、31号装甲轨道车的车组成员携带行装离开车厢，准备向盟军投降。他们身后可以看到被严格伪装起来的装甲轨道车，第30、31号装甲轨道车是由意大利工厂制造的。

■ 下图是1945年5月被美军俘获的1列BP-44型装甲列车。整部列车都用大量植物枝叶进行了严密的伪装，但仍然能够辨认出装甲歼击车厢的IV号坦克炮塔。

附录：德军镜头下的波兰装甲列车

在1939年二战爆发时，德军的装甲列车无论是数量上还是质量上在欧洲各国中都是排名垫底的，不仅无法与苏联装甲列车相比，就是当时波兰和捷克装备的装甲列车在战斗力上也超过德军装甲列车。在1939年德国占领波兰后，德军缴获了相当数量的装甲列车，其中绝大部分在经过维修和改造后，被德军重新使用，极大提高了德军装甲列车部队的作战能力，有些车辆甚至一直使用到战争结束，波兰装甲列车的设计理念也深刻影响了战争时期德军装甲列车的设计。本附录将通过德军在战时拍摄的战地照片对二战时期波兰制造的装甲列车进行简要介绍。

■ 上图是1939年9月在捷克维查地区，一名德军士兵正在检视被俘的波军第11号装甲列车。该车由2节火炮车厢、1节指挥车厢和一辆装甲机车构成，虽然不像苏联装甲列车那样强大，但战斗力也不可小视，整车显得非常精悍。

■ 下图是被德军俘获的波军第11号装甲列车的火炮车厢近照。可以看到车厢上装有2座旋转炮塔，车厢两侧还配有多挺机枪，照片中的箭头所指处是被德军反坦克炮击穿的弹孔。

■ 上图是1939年9月16日被德军击毁的波军第11号装甲列车。图中该车使用的 TI-3 型装甲机车曾被德军37毫米反坦克炮击中多处（箭头所示），其后方的火炮车厢还在冒烟，这幅照片很可能拍摄于战斗结束后不久。

■ 上图是1939年9月被德军俘获的波军第11号装甲列车火炮车厢的另一幅照片。在车厢侧面配备了2挺马克沁重机枪。图中右侧可见指挥车厢的一部分，而左侧可见1节平板车厢。

■ 左图是波军第11号装甲列车拖挂的坦克搭载车厢。车上搭载一辆法制雷诺 FT-17型坦克。在装甲列车内编组坦克搭载车厢的做法后来被德军装甲列车普遍采用。

■ 上图是1939年9月在捷克维查地区，一名德军士兵正在看守缴获的波军第11号装甲列车。从这幅照片中可以观察到指挥车厢侧面安装的马克沁重机枪。

■ 下图是战前波兰第1装甲列车营装备的第12号装甲列车。摄于1937年，图中可见该车由一辆装甲机车、1节指挥车厢和2节火炮车厢构成，在照片左侧还能看到远端的平板车厢。

■ 上图是1939年9月被德军击毁的波兰第12号装甲列车。巨大的爆炸将火炮车厢顶部的防空机枪塔炸飞，其残骸跌落在路基上。

■ 下图是波军第12号装甲列车前部拖挂的坦克搭载车厢。除了法制雷诺FT-17型坦克外，还搭载了一辆轻型装甲运输车。雷诺坦克的正面被开了一个大洞，不知道是敞开的舱口，还是被炮弹命中的结果。

■ 右图是1939年9月在奥尔塔泽被德军俘获的波兰第12号装甲列车的指挥车厢。其侧面舱门打开，注意车厢顶部的栏杆状通信天线。

■ 下图是在奥尔塔泽地区拍摄的波兰第12号装甲列车的火炮车厢。可见已经遭到严重毁坏。

■ 下图是波军第12号装甲列车配备的 TI3 型16号装甲机车。相比前方受到严重破坏的火炮车厢，机车似乎未受损伤。

■ 左图是一名德军士兵在波兰第12号装甲列车的火炮车厢内搜寻。这个车厢已经几乎被烧成空壳，车厢地板完全坍陷，暴露出车轮和车轴，注意德军士兵右手边的马克沁重机枪。

■ 下图是从外面拍摄的波兰第12号装甲列车被击毁的火炮车厢。

■ 右图是一名德军传令兵在被击毁的波兰第12号装甲列车的火炮车厢前留影。

■ 下图是德军从上方拍摄的波兰第12号装甲列车被毁的火炮车厢。

■ 上图是一队正在休整的德军士兵排队参观缴获的波兰第12号装甲列车，他们的步枪整齐地支在路旁。

■ 下图是几名德军官兵在波兰装甲列车的坦克搭载车厢前留影。

■ 右图是波兰TI3型3号装甲机车。请注意车厢后部的无线电天线，该车生产于1933年。

■ 右图是因铁路被德军破坏而出轨倾覆的波兰第13号装甲列车。其火炮车厢上巨大的圆柱形炮塔让人印象深刻，注意火炮车厢前部的平板车厢上搭载的弹药箱。

■ 右图是1939年9月被德军俘获的波兰坦克搭载车厢。

■ 左图是一群德军士兵在倾覆的波兰第13号装甲列车前合影。请注意此时火炮车厢上的野战炮已被德国人拆走。

■ 左图是波兰第13号装甲列车被毁现场的照片。可以看到其火炮车厢上的2座大型炮塔。

■ 左图是倾覆的波兰第13号装甲列车的指挥车厢和装甲机车。

■ 左图是波兰第13号装甲列车被毁车厢的近照。注意火炮车厢顶部防空机枪塔的射击孔，便于机枪进行大仰角对空射击。

■ 右图是1939年9月，一群德军士兵在倾覆的波兰第13号装甲列车火炮车厢的大型炮塔前合影。以德军士兵的身材为参照，可见炮塔尺寸之大。

■ 下图展示了波兰第13号装甲列车火炮车厢行走装置的细节。该车底盘采用了美式菱形悬挂结构。

■ 下图是德军于1939年10月拍摄的波兰第13号装甲列车被毁现场的全景照片。并用箭头标明德军航空炸弹的落点：箭头1为250公斤炸弹的落点；箭头2为50公斤炸弹的落点；箭头3为装甲列车原先行驶的轨道。这些炸弹都是 Ju 87俯冲轰炸机投掷的，250公斤炸弹不但炸断了装甲列车行进的轨道，还在地面上留下了巨大的弹坑，直接导致整列装甲列车出轨倾覆。

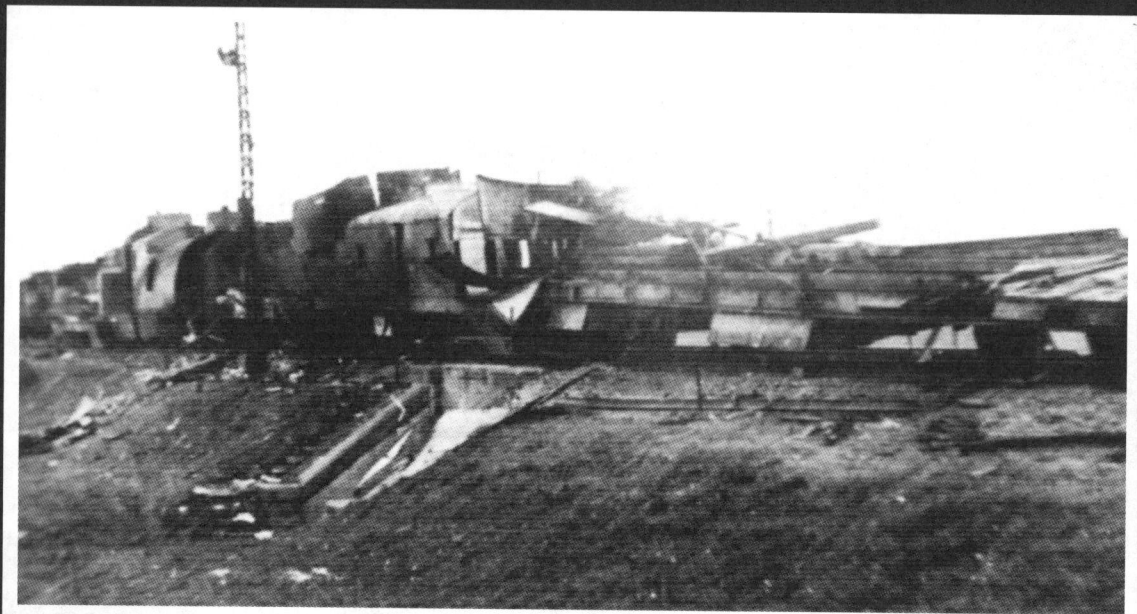

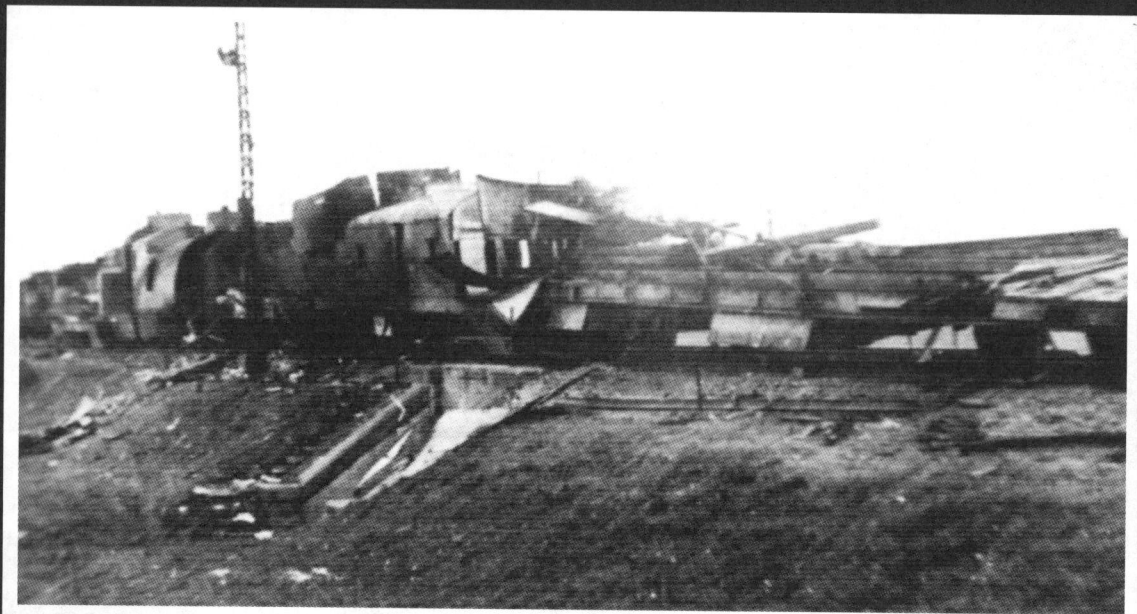

■ 上图是1939年9月被德军击毁的波兰第14号装甲列车。

■ 左图是波兰第14号装甲列车的TI3型8号装甲机车（左）。

■ 下图是从另一个角度拍摄的波兰第14号装甲列车的TI3型8号装甲机车。请注意图中箭头所指处是1节搭载雷诺FT-17型坦克的车厢。

■ 上图是1939年9月德军拍摄的波兰第14号装甲列车残骸的前部照片。箭头所指为一辆炮塔被炸掉的雷诺FT-17型坦克，从图中可见坦克搭载车厢后方的车厢被完全炸毁了。

■ 上图是被德军击毁的波兰第14号装甲列车火炮车厢的残骸。车厢前后的旋转炮塔都遭受严重的破坏。

■ 下图是德军在莫德林俘获的波兰第15号装甲列车"死神"号，摄于1940年春该车在斯达莫德林火车站接受改装期间。从照片中可以看到该车的火炮车厢和TI3型5号装甲机车，为了便于检修，装甲机车的部分装甲板被拆卸下来。

■ 左图是德军在波兰战役中缴获的波兰坦克搭载车厢。与德军后来采用平板车厢搭载坦克不同，波兰设计了一种特别车架用于承载坦克，上面搭载了一辆波兰仿制的FT-17型坦克，在由装甲列车搭载时这些坦克都更换为窄款履带。

■ 左图是几名德军士兵试图驾驶一辆波军的FT-17型坦克离开铁路，其中两名德军士兵身穿装甲兵黑色制服。这辆坦克原先可能配属于波兰第55号装甲列车。

■ 下图是1939年9月被波军遗弃在铁路上的第13号装甲列车。请注意装甲列车前部的M34型半履带卡车及其后方的坦克搭载车厢。

■ 上图是1940年在捷克某火车站上，一名德军士兵在一辆捷克制"泰脱拉"轻型铁路装甲车旁警戒。该车配属于德军第7号装甲列车。"泰脱拉"轻型铁路装甲车是波兰委托捷克斯柯达公司设计制造的，共生产了6辆装备波兰军队，捷克军队仅试验性地采购了1辆。该型装甲车车长3.55米，宽1.75米，高2.14米，乘员3人，武备为2挺马克沁水冷重机枪，最高时速为38千米／小时，装甲厚度5毫米。德军在1939年缴获"泰脱拉"铁路装甲车后将其装甲加厚至8毫米，以增强其防护力。

■ 下图是1941年东部前线，德军将一辆"泰脱拉"轻型铁路装甲车配属给第1号装甲列车。该车被当作轻型侦察车使用，这辆"泰脱拉"轻型铁路装甲车经常在奥尔沙－明斯克－斯摩棱斯克一线的铁路上执行巡逻任务。

■ 波兰军队的"勇敢"号装甲列车在1939年落入苏军之手并被苏军重新使用。在1941年，"勇敢"号又被德军俘获，之后被用于组建第10号装甲列车，继续在德军中服役。上图是1944年在东线被击毁了原属于"勇敢"号的装甲车厢。可能属于第10号或第11号装甲列车。

■ 右图是已经编入德军第10号装甲列车的波兰制火炮车厢和指挥车厢。它们原属于波兰"勇敢"号装甲列车。

■ 右图是编入德军第10号装甲列车的波兰火炮车厢的特写照片。此时还没有进行改造，车厢顶部还保留着原来的防空塔。

■ 上图是德军第10号装甲列车的战地留影。图中可见该车的苏制装甲机车和波兰制火炮车厢。

■ 左图是1942年冬在苏联某地处于作战状态的德军第10号装甲列车。请注意图片中在车厢一端伸出的烟囱，这是车厢内部安装的火炉的烟囱，德军通过这种方式解决取暖问题。

■ 右图是1944年德军第10号装甲列车停靠在波兰的科维利火车站内。该车此时仍然使用波兰制火炮车厢。

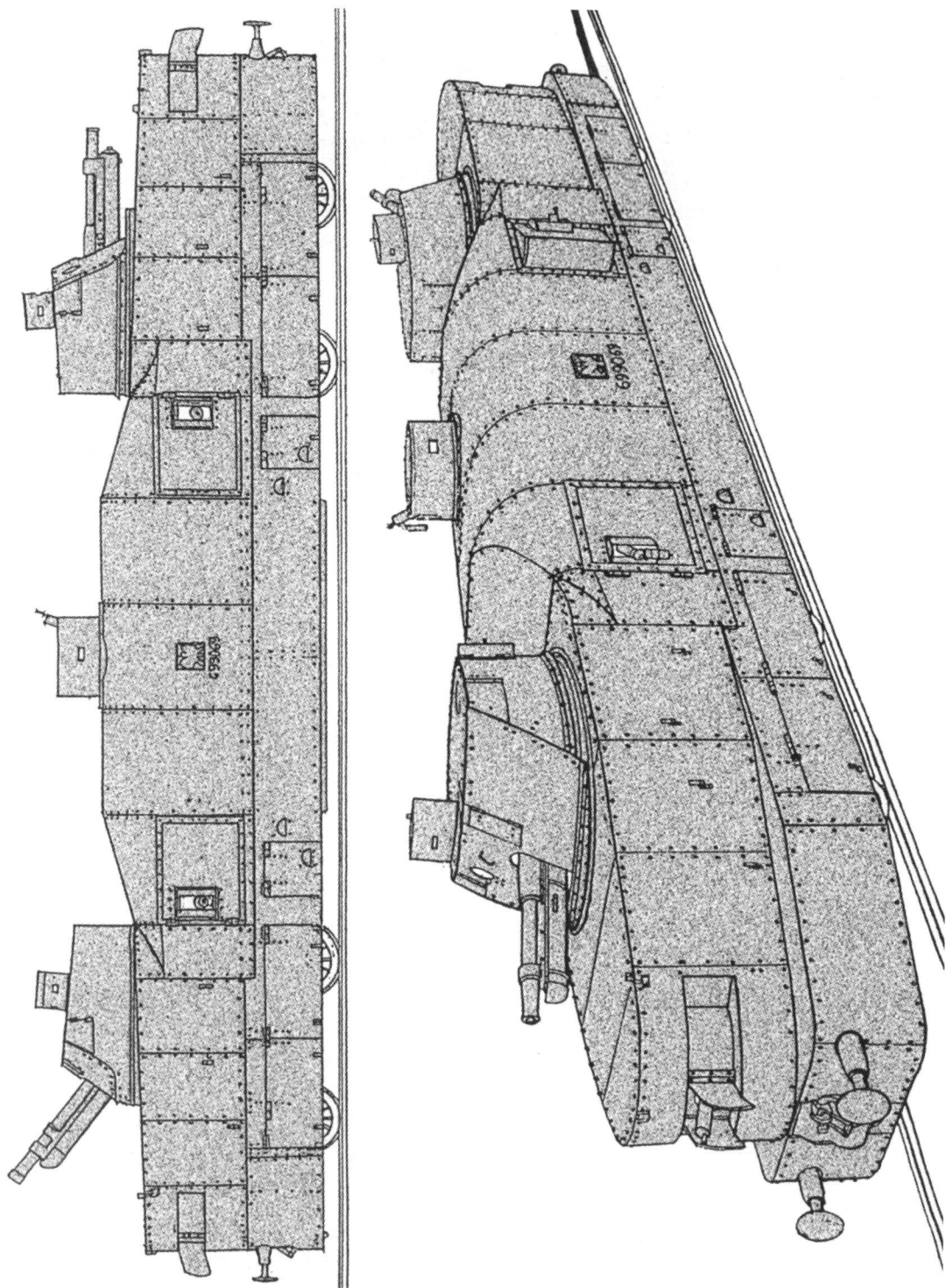

■ 波兰"勇敢"号装甲列车的火炮车厢线图图。车厢编号为699069，请注意车体前部独特的旋转机枪枪塔。

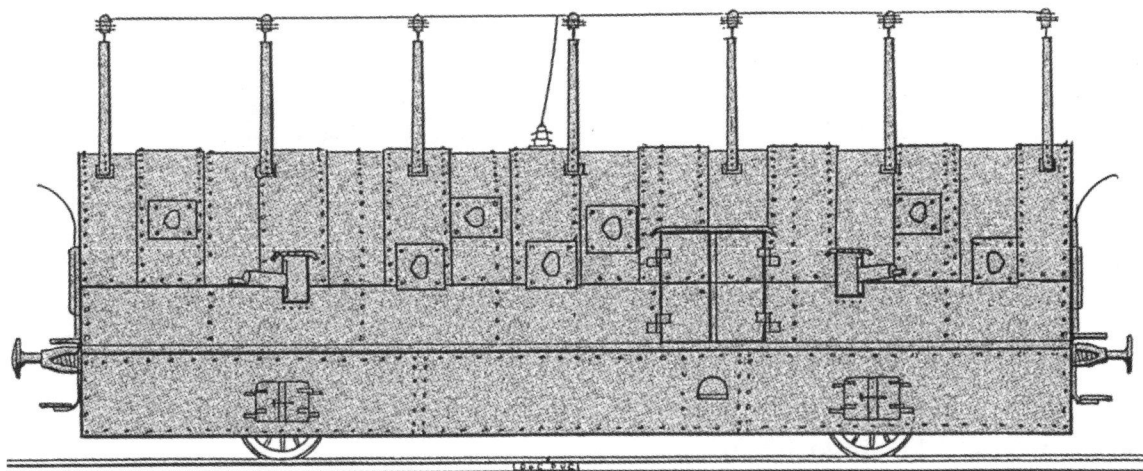

■ 上图及下图是波兰"勇敢"号装甲列车指挥车厢的线图。

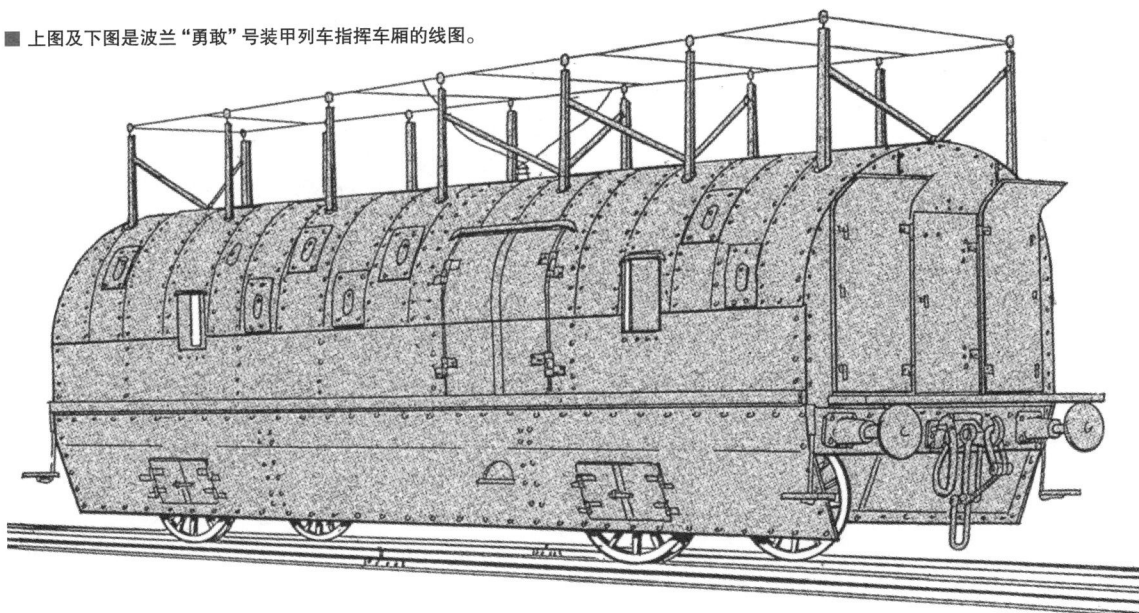

■ 下图是波兰"勇敢"号装甲列车指挥车厢的侧视照片，车厢顶部安装了栏杆状无线电天线，车厢编号为627950。

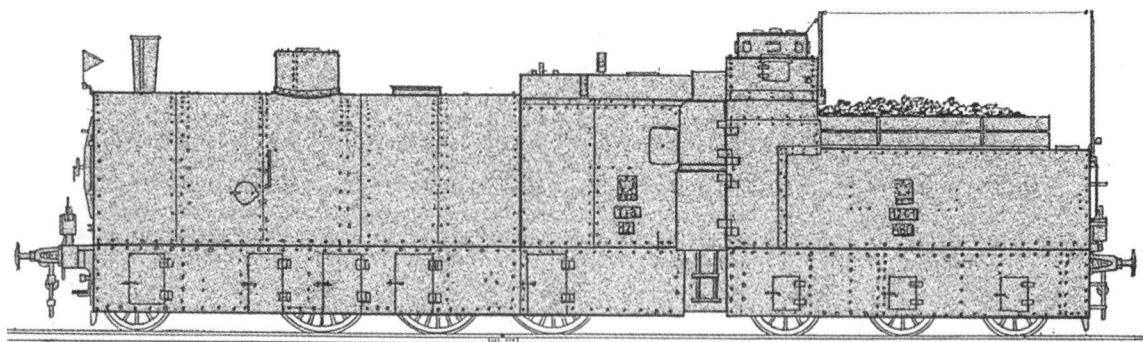

■ 上图及下图是波兰 TI 3 型装甲机车的线图。

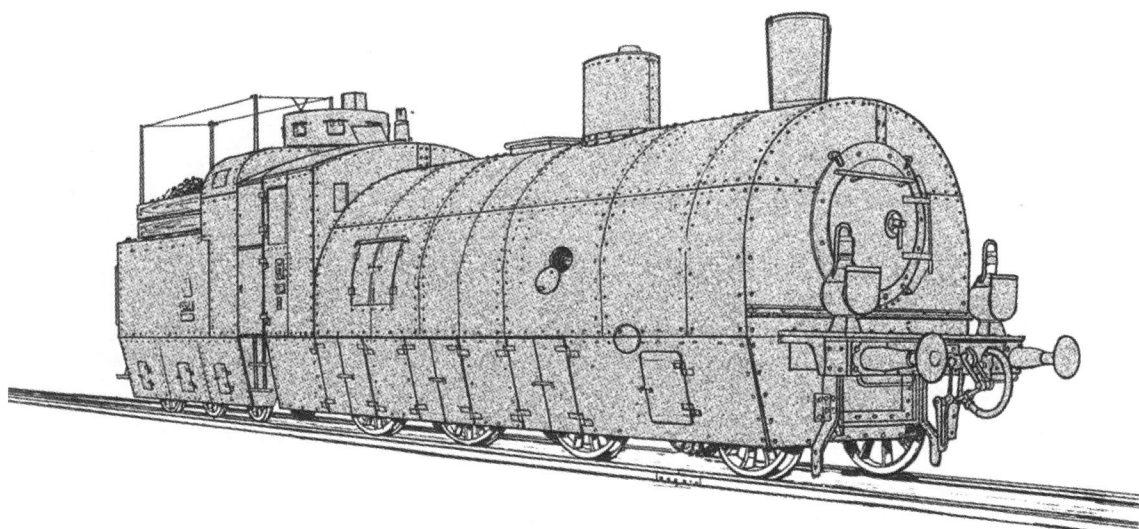

■ 下图是从右后方拍摄的波兰 TI3 型 12 号装甲机车照片。

■ 德军装备的"泰脱拉"轻型铁路装甲车的涂装示意图，全车喷涂德军装甲部队标准的"德国灰"涂装，车辆前后喷涂铁十字标志。

■ 德军第1号装甲列车配属的"泰脱拉"轻型铁
路装甲车侧视及俯视线图，德军为其加装了扶
手状无线电天线和探照灯，改进了炮塔上的机
枪射孔和底盘，并加厚车体装甲。

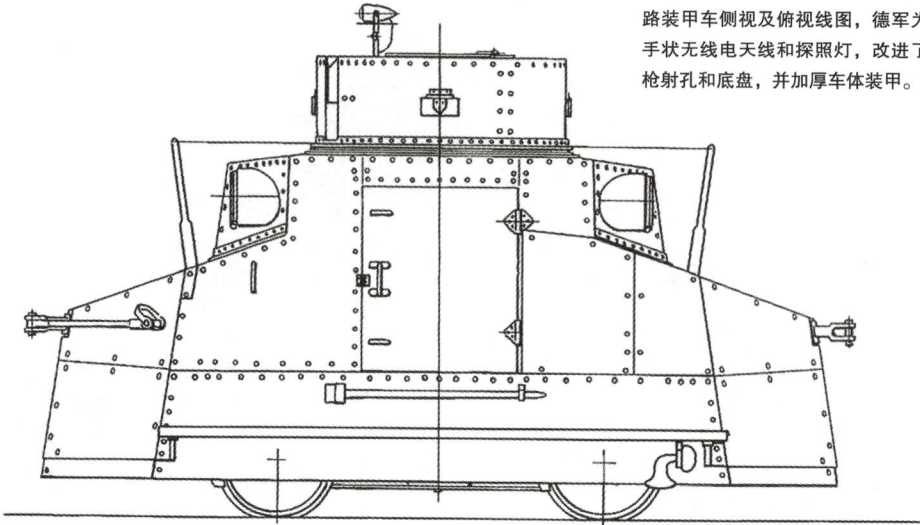

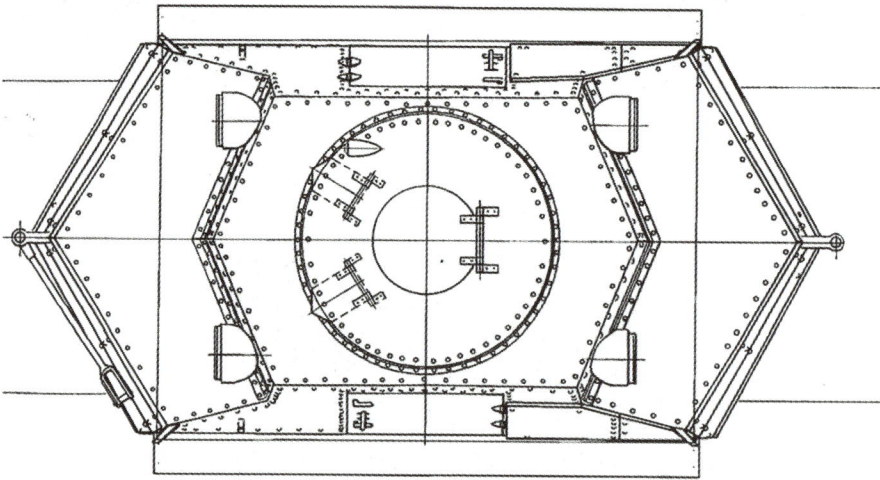

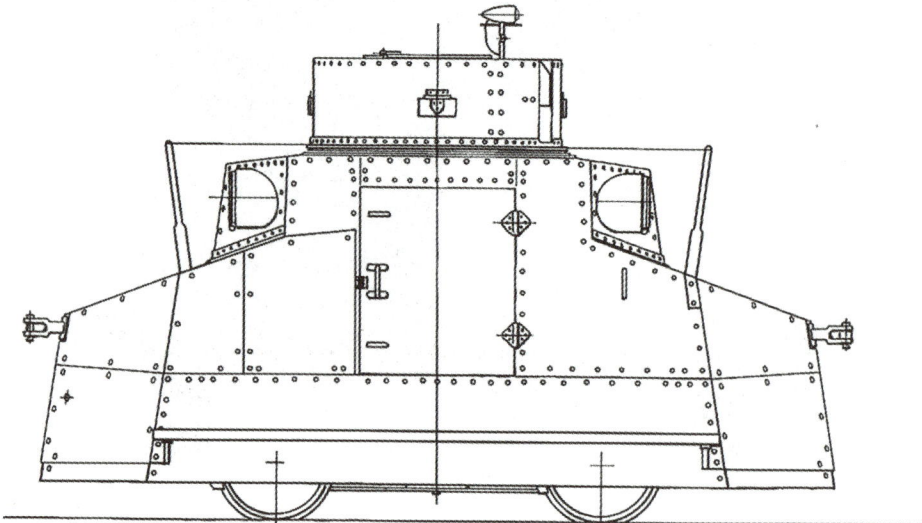

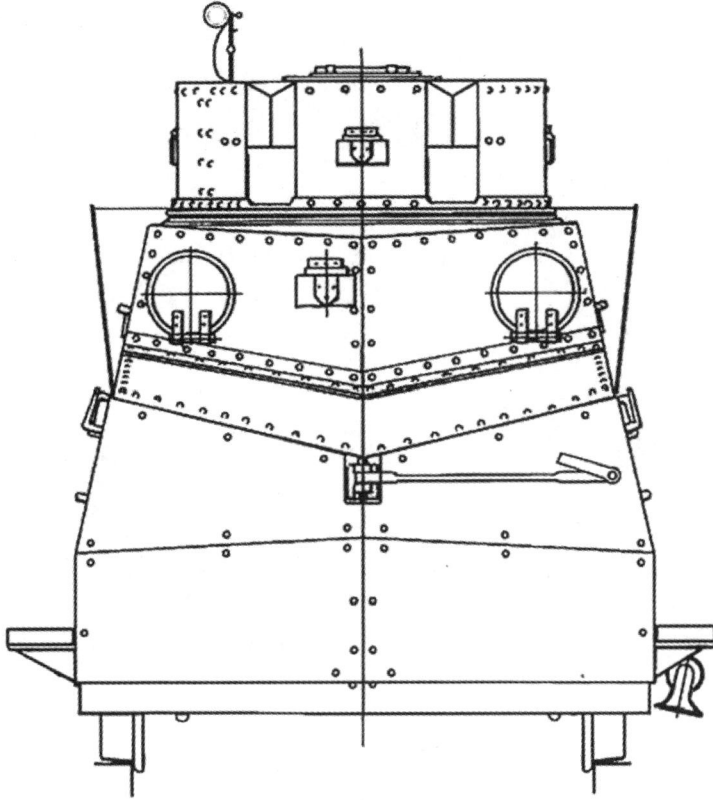

■ "泰脱拉"轻型铁路装甲车的前视及后视线图。

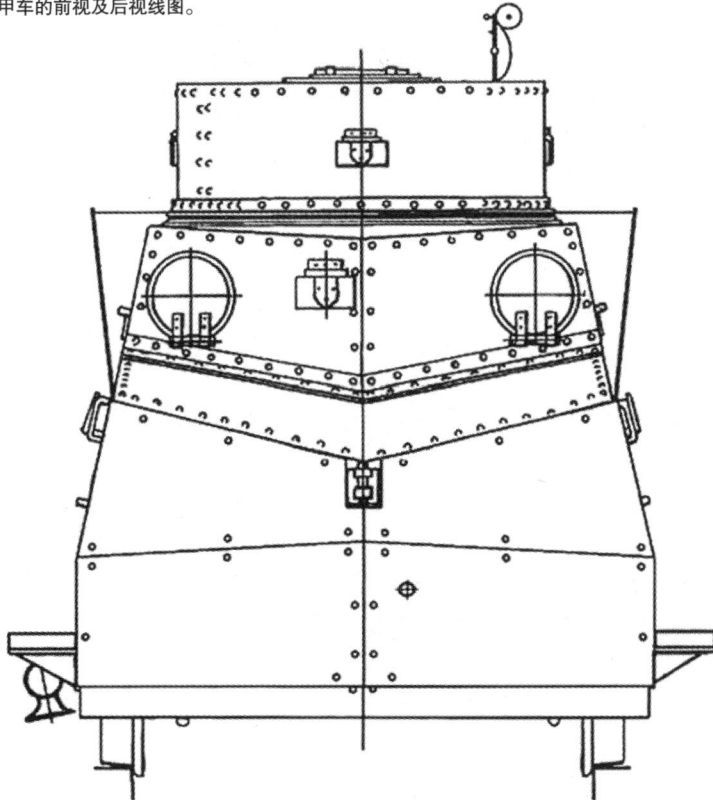

■ 波兰第13号装甲列车的火炮车厢彩色侧视图。

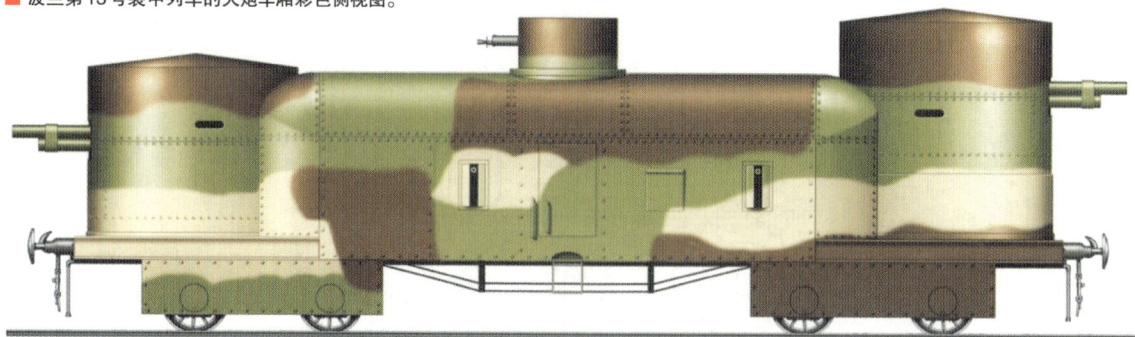

■ 波兰第52号装甲列车的火炮车厢彩色侧视图。车厢编号为699069。

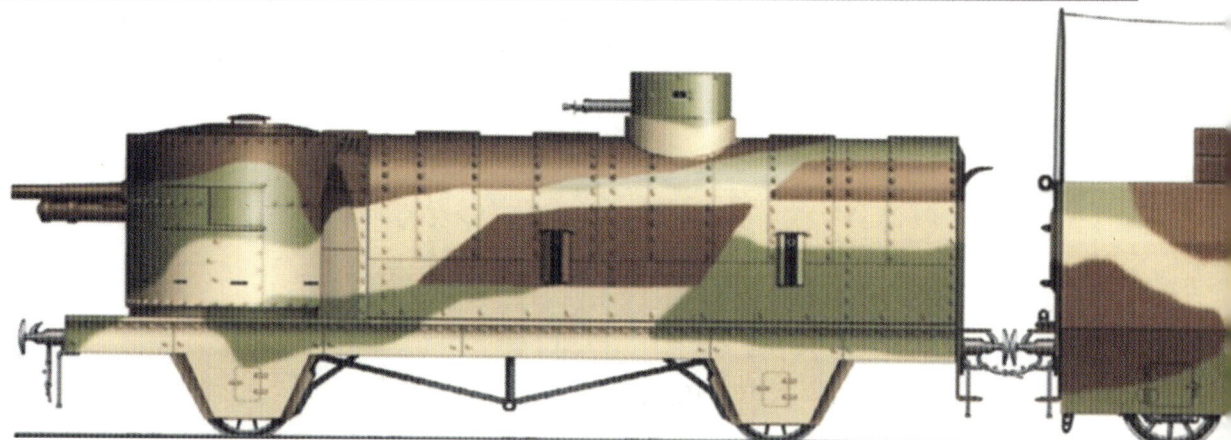

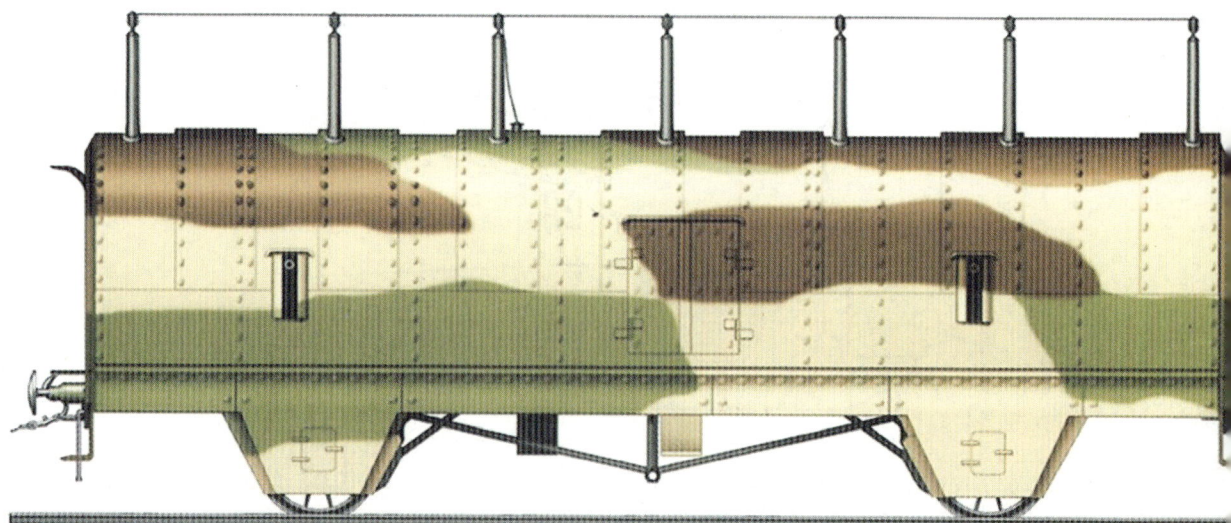

■ 波兰第54号装甲列车火炮车厢的彩色侧视图。车厢编号为450012。

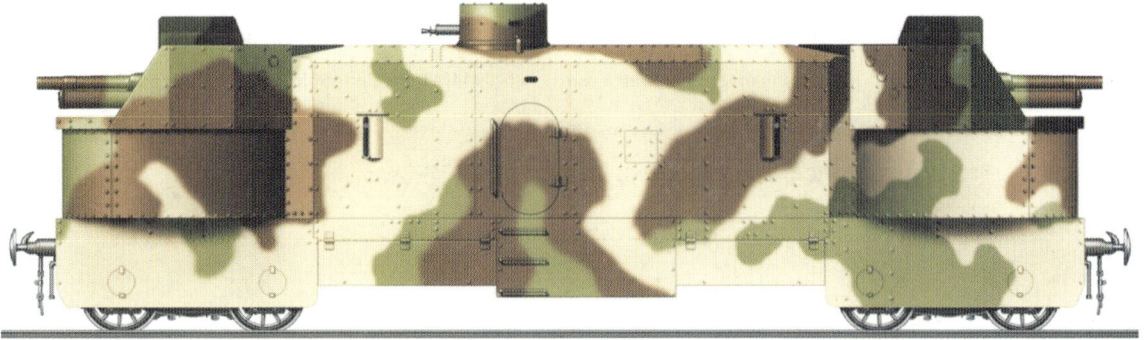

■ 波兰第52号装甲列车的火炮车厢（车厢编号630728）和Ti3型10号装甲机车（机车编号478）的彩色侧视图。

■ 波兰第55号装甲列车的火炮车厢（车厢编号630728/630729）和指挥车厢（车厢编号630726）的彩色侧视图。

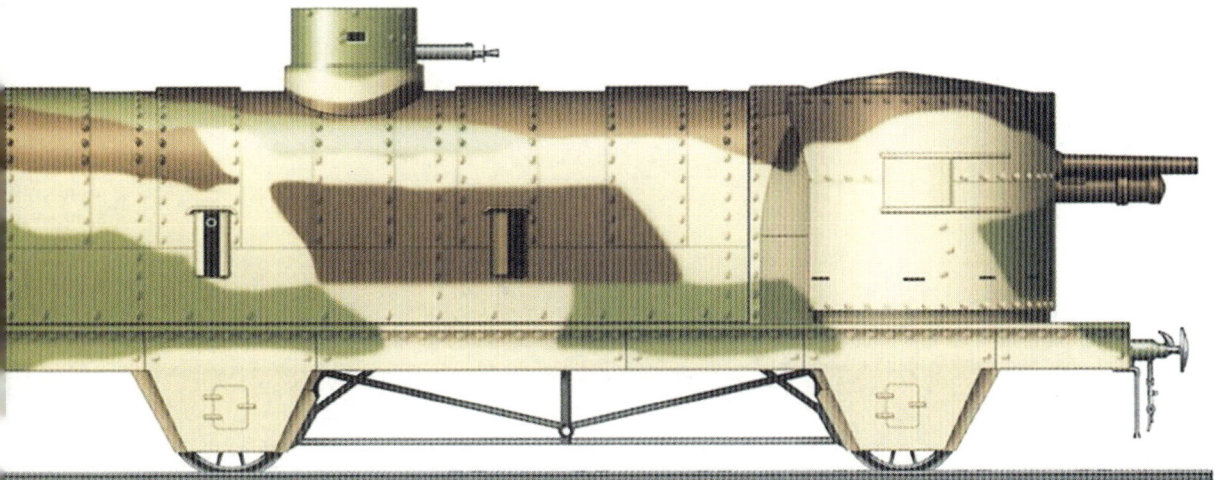

参考资料

[1] Sawodny,W.German Armored Trains in World War II Vol.I[M].Atglen: Schiffer Publishing, 1990

[2] Sawodny,W.German Armored Trains in World War II Vol.II[M].Atglen: Schiffer Publishing, 1990

[3] Sawodny,W.German Armored Trains on the Russian Front 1941-1944[M].Atglen: Schiffer Publishing, 2003

[4] Zagola,S.;Bryan,T.Armored Trains[M]Oxford: Osprey Publishing, 2008

[5] 広田厚司．ドイツ列車砲＆装甲列車戦場写真集［M］．東京：光人社, 2007.